西方哲学大师经典精粹

【瑞士】卡尔·古斯塔夫·荣格
著

刘家庆
译

荣格
的人格心理学
Carl Gustav Jung

岸，是永不消失的希望

吉林出版集团股份有限公司

图书在版编目（CIP）数据

荣格：岸，是永不消失的希望 /（瑞士）卡尔·古斯塔夫·荣格著；刘家庆译 . — 长春：吉林出版集团股份有限公司，2018.6

ISBN 978-7-5581-5058-6

Ⅰ . ①荣… Ⅱ . ①卡… ②刘… Ⅲ . ①荣格，C.G.（1875-1961）—分析心理学 Ⅳ . ① B84-065

中国版本图书馆 CIP 数据核字（2018）第 099894 号

荣格：岸，是永不消失的希望

著　者	［瑞士］卡尔·古斯塔夫·荣格
译　者	刘家庆
责任编辑	齐　琳　史俊南
封面设计	颜　森
开　本	710mm×1000mm　1/16
字　数	100 千字
印　张	14
版　次	2018 年 8 月第 1 版
印　次	2022 年 10 月第 2 次印刷
出　版	吉林出版集团股份有限公司
电　话	总编办：010-63109269
	发行部：010-69584388
印　刷	三河市悦鑫印务有限公司

ISBN 978-7-5581-5058-6　　　　　　　定价：39.80 元

如出现印装质量问题，调换联系电话：010-59625116

版权所有　侵权必究

精神存在于行为和事实里面,而不是在概念里。

——荣格

前　言

荣格曾说："一年中的夜晚与白天数量相同、持续时间一样长。即使快乐的生活也有其阴暗笔触，没有'悲哀'提供平衡，'愉快'一词就会失去意义。耐心镇静地接受世事变迁，是最好的处事之道。"

世人常讨论活在人世间的意义，其实说到底，生活本身，是苦与乐、祸与福的相互交替与依存。逐欲求乐，苦即随之；身外求福，祸即倚之。顺逆一视，苦乐齐同，平心净意，无住归宗。心可以受役于一切，也可以超然于一切。心生希望，人生便不会徒生荒凉。这是荣格作为20世纪著名的心理学家、哲学家带给当代人的心灵启示。

荣格是一个智力早熟的人，他性格孤僻，想象力丰富。十几岁时就广泛阅读过古希腊、古罗马哲学家，中世纪经院神学家以及近代哲学家黑格尔、康德、叔本华、尼采等人的著作。他是分析心理学的创立者，早期曾和奥地利著名的心理学家弗洛伊德合作，后因观点不同，两人分道扬镳。跟弗洛伊德决裂之后，荣格开始了一连串的旅行，同时为自己的研究成果出版著作并应邀演讲。

1921年，荣格出版了《心理类型》一书，该书探讨意识头脑对于世界可能产生的态度，此书出版后，荣格在心理学界的声名大振。除了《心理类型》，他的主要著作还包括《分析心理学的基本假设》《人及其象征》《寻求灵魂的现代人》等。

晚年的荣格隐居在瑞士苏黎世湖旁，继续为破解现代人面临的精神矛盾寻找答案。1961年6月5日，荣格安然病逝于湖畔的家中，享年86岁。

荣格的思想新颖而富有洞见，他提出了一种关于人的乐观主义的概念。当代年轻人在阅读其作品时，会自然地感受到他是通往极富挑战性的世界的向导。这种与时代精神相契合的哲思，有着十分重要的现实意义。

人格整体论是荣格分析心理学的核心理论。在荣格看来，人不是世界的附庸，更非奴隶，对于这个世界，人类是真正与之协调一致的。人的精神有崇高的抱负，不是那些"黑暗势力"能够随意摆布驱使的。人的精神的崇高抱负构筑了希望与梦想的城堡，这座城堡能将外界的能量转化为心灵的能量，再转化为一种普遍的喷薄而出的生命力，在自我意识的引导下，促使人们自强不息、勇往直前。

目 录

对自我的探索

没有意识的本能 / 003

一个表象的世界 / 014

世界变得似乎无比荒谬 / 017

心灵是自然的一部分 / 022

刚柔特质与生活的态度 / 035

性格哲学

每个人都有自己的个性 / 047

四种心理功能 / 053

感觉的整体印象 / 053

一种本能的领悟 / 055

思维对我们的影响 / 058

　　独立的心理功能 / 061

外向性格的特性 / 065

　　顺从感觉而非理性 / 065

　　顺从环境而非情感 / 067

　　顺从事实而非意识 / 071

　　顺从情感而非思维 / 083

内向性格的特性 / 087

　　那些丰富的内心 / 087

　　把自己变成神秘人物 / 089

　　在私人关系中，他很沉默 / 093

　　让人难以捉摸的内心 / 099

个性化与人格培养

　　彼岸生活的观念 / 105

　　建立良好的人际关系 / 113

人间最大的幸福 / 117

　　家庭教育 / 119

　　学校教育 / 120

　　无意识教育 / 121

成功的象征物 / 125

　　最初的梦 / 129

　　害怕这个吸引他的世界 / 134

　　他所倾向的发展方向 / 139

　　有意义的补偿 / 143

　　非理性的意义 / 147

　　生活态度要积极 / 157

精神分析学

　　根植于心灵中的希望 / 165

　　精神分析与灵魂治疗 / 181

　　直面人类生命的本质 / 185

第一次心理治疗 / 188

专注于病人的研究 / 193

精神病患者的内心世界 / 196

心理医生的自我分析 / 199

潜意识中的存在物 / 202

早已被安排好的命运 / 206

医生与病人 / 210

对自我的探索

没有意识的本能

一

本能和无意识的关系是个重要的问题，它与生物学、心理学和哲学都密切相关。这次讨论会的题目就是本能和无意识的关系，要讨论这个问题，我们首先要做的就是给本能下个清楚的定义。

什么是本能？里弗斯认为它是一种"极端反应"。极端反应就是，当外界的刺激到来时，这种反应的强度与外界的刺激相比是"极端"的，也就是说刺激与反应的比例很不相称。而且这种反应有自己特有的强度，并不随着外界环境刺激的强度不同而发生变化。他的这种观点隐含了本能的心理学方面的含义，这点与我是契合的，因为我也想从这方面展开论述。毕竟我还没有资格去从生物学的角度考察本能。

但要给"本能"下个比较严格的心理学定义，里弗斯的观点还是不够的。因为在他的观点中，涉及一个问题：是不是所有与外界环境不相称的极端反应都是本能，包括一些自觉的极端反应？比如，一些夸张的冲动，极度的紧张，与实际不符的一些感受和印象。这样的反应其实在每个人身上或多或少都会存在，但显而易见，这些自觉的过程都不能算作是本能过程。因此，为了给本能下一个比较恰当的定义，我们必须寻求更多的出路。

在日常语言中，我们总是爱用"本能的行为"来表达没有意识的动机和目的的行为，如果说我们会有这种行为，仅仅是因为我们潜意识中有不为人所知的内在需要的推动。对于这一点，英国一个叫托马斯·雷德的作家曾经说过他本人的理解："我认为本能指的是表现为某种行为的自然冲动，它并没有看得见的目的，也并非蓄意所为，它对我们所做的事情没有任何概念。"

可见，本能行为与严格意义上的自觉过程是有着鲜明对比的，本能行为对隐藏在行为后面的心理动机是没有意识的，它包括在无意识的过程当中。这种无意识的过程只有通过结果才能被我们意识到；而自觉过程总是能持续地意识到这样做的动机。也正是因为这样，本能被认为是一种内在的需要，而这种观点与康德对本能的定义不谋而合。

如果我们就这样定义本能，我们会马上发现这样做的缺陷。这个定义其实仅仅是把本能从自觉过程中剥离出来，同时认为本能的特征是无意识。但是，如果我们能够稍微对无意识做一个宏观的了解，我们就会发现，并不是所有的无意识行为都是本能的活动。下面我们将就此做一个详细的表述。

具有普遍一致性和可重复发生性是本能行为的最明显特征。例如，我们可能会因为突然遇见一条蛇而被惊吓，这完全可以被称为本能冲动。关于这点，霍伊德·摩尔根曾经有一个正确而有趣的比喻：用一种本能反应打赌，就像用明天早上太阳会升起来打赌一样没趣。有些人遇到一只母鸡就感觉到无比恐惧，在这种情况下，他的恐惧也像本能一样是无意识的。从这两个例子中，我们可以发现区别：对蛇的恐惧是很普遍的存在，而对母鸡的恐惧并不具有普遍性，即使这个事实反复地发生，我们也只能认为这是恐惧症的一种，而绝不会认为这是本能。

事实上，在生活中，我们还可以从正常人或者不正常的人身上看到类似的无意识强迫冲动，例如，一些怎么也摆脱不了的想法、突发奇想、持续性感到焦虑，等等。虽然这些现象在心理机制上与本能无异，在一些病态行为的案例中，我们还会发现它们具有"极端反应"的特征。但是，由于这些现象并不具有普遍性，因此我们并不认为这些是本能过程。

二

说了这么多，现在我们就要明确地界定一下什么是本能。在我们看来，只有那些来自遗传的、重复发生的、具有普遍性的无意识过程才是本能过程。这些还是不够的，本能还必须具有赫伯特·斯宾塞所认为的必然性和反射性。当然这里的"反射性"与单纯的"感觉—运动反射"相比，具有更复杂的特点。更有趣的是，威廉·詹姆士曾经说本能是一种兴奋运动冲动，它们能发生是因为神经中枢中事先存在着某种反射弧。这样的说法其实也可以给我们一定的启发，并不是完全不可取。在给本能做了一个比较明确的限定之后，下面我们要讨论的是本能的来源问题。

　　与本能的定义相比，本能来自何处也是一个极为复杂的问题。当然，我们可以拍拍胸脯说它们来自遗传，然后把问题轻松地交给我们的祖先，这样的说法虽然没有什么错误，但另一方面又相当于什么也没说。现在被广泛认可的一种观点认为：一些意志行为由于被反复重演，就慢慢地变成了本能，这些意志行为先是个别的，慢慢就变成共同的了。这个观点在一定范围内具有合理性，而且不难被理解，因为在生活中，我们总是可以看到，通过人们持续不断实践性的练习，一些一开始十分难以完成的活动，慢慢地就成了自动发生的过程。

　　但是，如果我们能稍微留心一下动物世界中动物的神奇本能，我们就不由得怀疑本能根本不需要学习，更不需要持续不断地实践。其中有一个特别让人惊讶的例子，那就是丝兰蛾的神奇繁殖本能，而这样的活动，丝兰蛾在自己的一生中只会做一次。在丝兰花开的时候，丝兰蛾会熟练地从一朵花中采到花粉，并把采到的花粉揉成小球。它在做完这一切之后，会飞到另一朵花上，把自己的卵产在胚珠之间。让我们惊讶的是，它不但知道怎么识别丝兰花，还知道在产卵之前，先把雌蕊咬开一个漏斗形的小口，为把自己的卵产在胚珠的地方做好一切准备。在产完卵之后，它还不会忘记把早就揉好的那个花粉球塞进雌蕊的开口中。

　　类似这样的例子还有很多，这些例子让我们感到惊讶的同时，也会让我们很快意识到它们的行为用前面说的学习和实践的假说是很难解释的。于是，人们开始寻求新的突破，并建立了另外的一种解释方式，这种解释的方式与前一种假说十分不同，它强调的重点在直觉这一要素上。这种解释主要来自柏格森的直觉主义哲学。直觉是一种无意识的过程，不过这种过程虽然是无意识的，但是却可以带来某种突如其来的想法。与我们通常所说的知觉有类似之处，但缺乏自觉能力。所以我们倾向于把直觉说成是一种"本能"的领悟。直觉与本能有类似之处，在一定的意义上，我们甚至可以认为，直觉是本能的另一面。它们的细微区别在于：本能是一种冲动，它通常表现在执行某种高度复杂的行动时；直觉则是一种无意识的领悟，它通常出现在高度复杂的情境中。

三

　　在继续讨论本能的过程中，我们必须认识到非常重要的一点，那就是本能问题的讨论绝不可能不涉及无意识。什么是无意识呢？很简单，无意识就是那些还没被意识到的心理现象的总和。这些心理内容可以被恰当地称之为"阈下的"。——如果我们进行这样一个假定，任何一种心理内容都必须具有一定的能量值才能被意识到，如果没有达到这种能量值，就会非常容易地消失在当下。用更简单的说法来解释，那就是无意识是没有被意识到的心理内容的收容所，在这个收容所里，有所有那些失落的记忆以及其他微弱的还不能被意识到的内容。所有这些心理内容都是不自觉的联想活动的结果，包括我们经常做的梦。除了这些，那些被我们刻意压抑的思想感情也是无意识的内容。而以上所有这些构成了我们所谓的"个人无意识"。

另外，我发现无意识除了"个人无意识"，还包括一些先天遗传的无意识。这些无意识包括冲动之下去执行某些必要行动的本能。不但如此，我们甚至还发现了一些先天固有的"直觉"形式，也就是直觉和顿悟的原型。如果说本能使一个人不得不按照特定的模式生存的话，原型的意义就在于使人类按照特定的直觉和顿悟的方式生活。讲到此，我将会引出一个重要的概念——"集体无意识"，我们所说的本能和原型共同构成了它。之所以称之为"集体的"，就在于它们不是个人的或者具有独特性的现象，而是反复发生的、普遍的现象。

就我个人看来，只有在引出原型这个概念之后，从心理学的角度解释本能的问题才成为可能，因为，在最根本的地方，本能和原型是互相决定的。但是对这个问题的讨论却不是那么容易的事情，一提起在人类心理中发挥作用的本能，人们总是各执一词。一些人把本能限制在非常窄的领域：他们的胳膊、腿、喉头和声带等几个特定地方的反应上，对右手的使用和发音中音节的形成上；而威廉·詹姆士的意见是：人的身上包含着各种各样的本能。不管限制与否，我们必须要清醒地认识到，在讨论人的本能时，我们并不能完全逃脱自说自话的命运，从这个意义上来说，我们也不可能不带有偏见。

为了尽量减少偏见，使我们的解释能够更容易站得住脚，我们最好要避免从我们自己身上来观察本能，这是因为我们已经被过多文饰，而这些文饰总是会让我们认为，我们的行动是受自觉动机的驱使，而不受我们本能的左右。因此，我们最好是从动物或者是原始人的身上来观察本能。

当然，人确实可以通过长期的训练把一部分本能转变成意志的行动，并成功地把它包装在理性的文饰里面。但是，受到了驯化的本能，它的基本动机仍旧是本能。如果我们把里弗斯的标准运用在人们的行为上，我们就会发现，夸大是普遍的人性特征。在不计其数的个案中，夸大的反应总是会出现。那么，在一个特定的情境中，人为什么总不能恰如其分地做出反应呢？他们总不能合情合理地言、行、取、予？这个现象会让人感觉到十分尴尬和无助，因为他们不是超过就是达不到理性动机的程度，他们虽然自诩是理性的动物，但是在很多情境中，他们只会独行其道，从而不能获得理性的帮助。这种现象是如此的常见和普遍，尽管任何处在这种情景中的人都不愿意承认自己的行为是受直觉驱使的，但我们除了说这是本能在起作用，丝毫找不到更合理的解释。不管是本能还是借助原型而获得顿悟，都是某种精确得让人难以相信的东西。而这点与丝兰蛾的神奇繁殖本能是相同的。因此，我们不必过于惊讶丝兰蛾的神奇繁殖现象，因为丝兰蛾身上的犹如内在心象的东西是一种本能，它在一定的情境中释放，从而使丝兰蛾自然地"认出"丝兰花的结构并进行繁殖。

荣格：岸，是永不消失的希望
rong ge
an, shi yong bu xiao shi de xi wang

不可否认，如何解释在人类心理中成功地实现本能的作用，里弗斯提出的"极端反应"无疑帮了大忙，在直觉的领悟活动方面，原始意象的概念可能也会发挥如"极端反应"一样的作用。正如我们所预料的那样，我们可以非常容易地从原始人身上观察到直觉活动，他们神话的基础就是某些典型的意象和母题，而我们总是会不断地在神话里遇到这些意象和母题。比如，英雄和诸神的离奇经历、魔力的存在、神奇的宝物、精灵鬼怪等。在原始神话中，我们看到了这些意象的存在、自我成长和自我复制；而在世界各大宗教中，这些意象得到了进一步的完善；在严格的科学当中，我们发现了一个更有趣的现象，它们竟然成了不可或缺的辅助性概念，如以太、原子、能量等，只不过它们都被以理性的名义粉饰了。

不得不说的是，在现代哲学中，"创造性绵延"这一概念典型地阐述了某种原始意象重新获得了活力和生命的过程，而这是柏格森哲学中一个非常重要的概念，类似这样的概念也可以在普罗克洛斯的哲学那里发现；而赫拉克利特的哲学则被认为体现了它的原始形式。

因本能活动的干扰，直觉领悟模式的原型往往会激发出一些被歪曲了的形象，不管在正常人的身上，还是在病人的身上，分析心理学随时随地都会接触到这些由原型意象的混合物引起的干扰。

一个表象的世界

任何对我产生影响、我能够知道的事情都是现实的。我所能陈述的也不过是现实的事情，对于那些"超现实"的事情，我既不可能知道，也不可能陈述。如果说我能够知道或者陈述"超现实"的事情，这也不过是因为有人把"现实的"这一定义做了过窄的限制，只用它来指世界现实的一个特殊局部，而不是全体。它认为"头脑中的一切都事先存在于感觉之中"，也就是说，只有来自感觉世界（包括直接来自和间接来自）的一切，才是现实的。这就忽略了一个重要的事实，那就是，我们心灵中的许多东西并不依赖于感觉材料。

这种认识把世界的现实限定为物质，这就把整体的现实人为地分成了两部分，那些被认为不是物质的现实就成了碎片，并被巨大的阴影围绕。这是西方人对世界的片面认识，这种认识被认为是希腊理智所犯的错误，而这种说法无疑有失偏颇。这种现实不断地受到"超感觉""超自然"等许多事物的威胁，这可以说是我们自己用心理概念制造的混乱。东方的现实与我们十分不同，因为它没有做这种武断的区分，而是理所当然地包括了所有的一切。

也正是这种认识，我们会把心理的东西当作"大脑的分泌物"，认为它是物理原因产生的结果。我们赋予它神奇力量，用它来探测物理世界的奥秘，并通过它认识我们自身，但归根结底，它却仍然被假定为间接的现实。

按照这种认识，思想也只有在它可以被感官知觉到时，才是现实的。如果它不能被感知，那它就是不存在的。这是一种哲学偏见，但这样的事情却屡见不鲜。但是，或许思想早已留下了现实的痕迹，我们还有可能利用过它，而这点就使得我们十分尴尬。也许，我们关于现实的概念得修正一下了，这种概念长期以来都是以实用为标志的。

可以说，我们知觉的仅仅是表象，这种知觉过程是这样的，在显现于意识中的表象和感觉器官的神经末梢之间，有一个无意识的过程，这个过程把物理事实转换成了心理表象。但在这个过程中，我们的知觉却意识不到任何物质的东西。

这就让我们认为，现实向我们直接显现的，不过是仔细加工过的表象而已，从这个意义来说，我们生活在一个表象的世界，为了确定物理世界的真实性，我们必须借助物理和化学这些学科，只有它们才能帮助我们透过表象，洞察到心理的世界。

因此，包括一切形式的精神现象（包括那些不涉及事物的"不现实"的观念和思想）是直接的现实，而那些不涉及事物的"不现实"的思想，还在随时排挤那些"现实"的思想，这表明它们更强，也更有影响，而且它们的影响也比物质的影响更大。也正是他们这些无意识，造就了意识，统治着全人类，并成为世界存在的前提和条件。

从这里我们可以看出，东方人已经聪明地发现，人的心理存在着一切事物的本质；而西方意识只承认由物理原因造成的现实，无疑存在着缺陷。在我看来，我们能够通过直接经验领悟到的、唯一的现实就是：在精神和物质未知的本质之间，存在着心理现实。

世界变得似乎无比荒谬

也许在我所有的概念中，遇到最多误解的就是集体无意识概念。下面，我将试图针对它，做以下四方面的工作：第一，定义这个概念；第二，陈述它的心理学意义；第三，证明它的方法；第四，举出一个例子。

集体无意识作为精神的一部分，它的存在完全来自遗传，从来就不能为个人所获得，它的内容主要是"原型"。"原型"指出了精神中各种确定形式的存在，不但是我指出了这点，其他很多学科也对此有深刻的认识，还对它进行了命名，例如，在神话研究的领域里，它被称为"母题"；在比较宗教学的领域里，它被称为"想象范畴"。

因此我认为，集体无意识是我们所有个人的第二个精神系统，它源自继承和遗传，有集体的、普遍的、非个人的特点，由原型这种形式构成。原型赋予一定的精神内容以明确的形式，但它要想被意识所知，必须通过后天的途径，才有可能。

弗洛伊德和阿德勒的心理学都是"个人的心理学"，在他们那里，心理疾病几乎完全被看作个人性质的，但是，即使这样的心理学，也并不能否认它们一般生物学因素的基础。比如，"性本能"就不仅仅只是个人才具有的特征。为了更好地解释他们的理论，他们不得不承认，确实存在着某些先天性的本能，它们对个人的心理有着重大的影响。尽管认定集体无意识的存在非常困难，但已经有足够的个体例证说明神话母题的复活。如果这样的无意识存在，把其纳入心理学的解释就显得十分必要，这有助于我们更好地批判"个人的心理学"，并更好地阐释我的观点。

我们都知道列奥纳多·达·芬奇有一幅名画——圣·安妮和圣母玛利亚与儿童基督的画。弗洛伊德对这个画曾经做过个人心理的解释，但我要说的是，在个人心理之外，这里还有一个非个人的母题——"双重血统"的母题。不管是在神话中，还是在比较宗教领域，它都是一个重要的原型，构成了无数的"集体表现"。

我可以以"双重血统"的母题为例，"双重血统"就是同时从人和神的父母那里获得血统，希腊神话里有大量这样的例子。而在埃及，"双重血统"就是一种仪式，在那里，埃及法老的本质是人神合一，他还经历过"两次诞生"。在基督教中，也不缺乏"两次诞生"的例子，比如，基督自己就有过"两次诞生"：约旦河中的洗礼给了他新的生命。其实"两次诞生"的概念不但在神话故事中存在，在任何别的地方，也随时存在它的踪迹。

如果说相信双重血统的人之所以相信这点，是因为在现实中，他们都有两个母亲，那无疑是无法让人信服的，但是我们倒是可以做出这样的设想，不管是"双重诞生"母题，还是"双重诞生"母题的普遍存在，都不过是人类中一种普遍存在的需要。

如果我们把列奥纳多的例子运用到精神病的领域中，我们就可以假定，存在一个这样的病人，他有严重的恋母情结，由于受幻觉的支配，他会认为自己得精神病的原因在于，在现实中，他有两个母亲。如果仅仅从个人方面来理解这点，我们就不能否认他的解释。而实际上，他精神病的原因在于"双重母亲"原型的复活，原型作用于病人的最大特点在于它的历史性、单独性，它很少涉及现实中的实际情况。

当然，在实际生活中，我们对精神病案例进行分析的时候，很难想到原型会是重要的病源，它们竟能产生类似于创伤那样的效果。为了更容易理解这点，我们可以对神话和宗教领域进行思考，我们会很容易地发现，在它们的背后，确实存在着这样一种巨大的力量。我们已经不止一次发现，很多人精神生活出现错乱，就在于他们的精神生活缺乏这些动力的配合。可见，把原型当作精神病的病源是多么必要，而纯粹的个人心理学却在企图消除它们，并尽力把精神病病因都归结为个人的原因。我认为这种方法在医学上得不到认可，而且它很危险。

与20年前相比，今天我们已经有能力对有关动力的性质做出更好的判断，如果我们愿意做出这种判断，我们就会很容易地发现，整个国家正在恢复一种古老的象征，原型这种群体性的感情正在改变着生活，现在的我们并没有摆脱过去时代人的灵魂。我们甚至可以说，个人精神变化的总和（集体无意识）就是我们民族的命运。

在大多数的情况下，精神病并不如我们想象的那样，仅仅是个人的私事，我们可以在个人的经历中找到发病的原因，相反，在大多数的情况下，精神病的产生都是一种"社会"现象。那么在这个意义上，我们就有理由相信，原型在这些病例中聚集，在特定的情境下，特定的原型被激活了，原型中存在的危险力量被释放出来，受控于原型的人就成了精神错乱者。

今天，世界变得似乎无比荒谬，在古老的"集体表现"世界中生活的人似乎又复活了，我们的心理就像古代的人那样，引导着我们向类似复活中世纪犹太人迫害的方向前进，向类似古罗马和基督教征战的方向前进，历史是如此真切地引导着我们前赴后继，而这种现象出现在无数的人中间，绝不仅仅体现在几个人的心理不平衡。

原型以"没有意义的形式"出现，它代表着某种类型的知觉和行动的可能性，只有符合特定原型的特定情景出现时，原型才会复活，它会与一切理性和意志对抗或者制造出一种精神病，就像本能一样。有多少原型的存在，生活中就会出现多少相应数量的典型环境。

心灵是自然的一部分

一

人类意识的发展是个漫长的过程,我们所谓的心灵,并不等同于意识和它的内容。

作为自然的一部分,心灵包含了太多我们无法解开的谜。关于心灵,我们只能尽可能地说它本来是怎么样的,以及怎样产生作用。否认潜意识的存在,必然导致心灵内容的不完整。

历史上有很多否认潜意识存在的观念。与他们不同,法国著名的民族学家鲁臣的"神秘参与"理论认为,许多未开化的人有一个不亚于自身的"丛林灵魂",它化身在野生动物和树木上，从而使人类个体有种心灵统一性。这个理论，遭到了很多人的批评，以致最后鲁臣不再使用这个名词。不过，我们认为，个体有可能与某人或某物存在潜意识的同一性，"神秘参与"是个心理事实。

有人认为，一个人并非只有一个灵魂，他是由不同的单位组成。在受到情绪的突袭下，心灵会变成碎片。这样的猜测代表了某些部落里未开化人的感觉。

即使在高水准的文化生活中，我们也会遇到这样的事情，我们会被情绪支配和改变，变得毫无理智，在这样的情况下，我们的情绪就失去了统一性，变得分裂。即使当我们自认为已经控制了自己的时候，我们的朋友却能看出来这并非事实。

毋庸置疑，人类意识仍旧很容易分裂，并没有达到一个合理的程度。即使我们的文化生活已经有了很高的水准。自然地分裂和压抑个人心灵的部分是这种文化生活的成果，这可以让我们专注于某事；但如果我们有意为之，就会使人"丧失灵魂"，甚至会导致神经衰弱。

意识很容易被分裂，统一它很难。控制情绪会剥夺多姿多彩的社交活动，虽然人人都渴望拥有控制情绪的能力。

要想知道我为什么说梦是研究人类象征最方便常用的资料，我们就要先回顾梦的重要性，并叙述有关它的研究在过去几年的发展。

弗洛伊德最先尝试探究意识的潜意识背景，可以被称为这方面的先驱。他对梦的推理以一些著名精神科学者的结论为基础，并不是独断的结果。在20世纪初期，弗洛伊德和贝德都认为，像歇斯底里和一些变态行为等精神症状都有象征意味。它们都是潜意识的心灵自我表现的方式。比如，潜意识会通过不同的形式在不同的人身上导致不同的反应，在遇到同样压抑的情况下，有的人会痉挛，有的人会气喘，而有的人则不能消化。

在听过几个人描述自己的梦后，心理学家都能明白，与精神病症的变化相比，梦的象征变化性更强，从而更难以把握，因为梦里充满着如诗如画的逼真的幻想。但是，利用弗洛伊德的"自由联想"方法，我们可以把梦归纳成几个确定的基本模式，从而探查出病人潜意识的问题。

弗洛伊德总是不断刺激做梦者心灵的思考，并鼓励他不断地谈他自己梦的意象，通过一段时间的不断努力，就可以了解到做梦者正在因为什么不愉快的事情导致状况欠佳。

弗洛伊德把梦作为"自由联想"过程的起点。但是，当有人告诉我，他在俄国搭乘长途火车时，虽然并不认识俄语，他却看着车站的告示牌开始幻想，在他的幻想里面，掺杂着许多他不愿意回忆的痛苦事件。

我对弗洛伊德的做法产生了疑问。我开始认识到，"联想过程"的起点可以是祈祷或现代画，也可以是个水晶球，甚至是一次闲谈，在这点上，并不一定要从梦开始。这些都可以发现病人的情结。

但是，梦有着特殊的意义，它的结构明确、目的明显，是一个基本观念或意图的表示（这点不可以直接了解），所以，我开始认为应该更多地关注梦的实际形式和内容。

这意味着我逐渐放弃了与梦的主题联系不大的联想，而把主要的精力集中在研究梦本身上面，我相信潜意识通过梦可以表达出它们想说出的特殊东西。这对于我的心理学研究而言，是个转折点。随着这个转折，我的方法也集中在了解梦的各个层面。

二

说了这么多，也可以表示出我并不赞成弗洛伊德运用的"自由联想"。我希望排除所有不相关的观念以及可能引起的联想，而把主要的精力放在接近梦本身上面。要对个体整个人格的心灵过程有所了解，就必须认识到梦及其象征意象的重要性。

以性行为为例，它可以象征许多不同的意象。在联想的过程中，个体可以了解到自身对性交和有关性的特殊情结的观念，这是每个意象都可以导致的。但我们发现，对一组难懂的俄文字母的胡思乱想也可以代替这种情结，我们确信，梦能包含一些与性比喻不通的信息。就像一个人也许会梦到挥动棍子或者棒槌把门打破，或者把钥匙插在锁孔里。这些动作都可以认为是性比喻。但是我们的任务在于，揭示他为什么梦到的是钥匙而不是棍子，或者梦到的是棒槌而不是棍子。如果我们揭示了这一点，我们可能会发现，这些梦呈现出来的意象只是不同的心理学观点，与性行为没有任何关系。

梦本身是受限的，它会告诉我们梦的形式包含什么质料，不包含什么质料。我推断，要想解释梦，梦中必须要有清晰可见的质料呈现才行。为了得到那些清晰的质料，在我工作的时候，我最常说的话是，回到你的梦里，那个梦是怎么说的。我不断地旁敲侧击，以试图掌握做梦者总是企图突破的梦的图画。在这点上，"自由联想"

往往会使病人远离那些质料。

我遇见过这样一个病人，与现实迥然不同，在他的梦中，他的妻子是一个爱喝酒、穿着破烂、举止粗野的女人。这个病人认为梦太荒诞不经了，梦中这个不可能是他的妻子。这时候，如果让他进行联想，他就可能以一些主要的情结来结束，从而回避梦中那些不愉快的暗示，导致我们无法揭示这个梦的特定意义。

在这个梦中，一个堕落女性的观念，被做梦者的潜意识表达出来，这应该有一个我们还没有发现的根源。

心理学家以腺的结构为理由，证明男性和女性这两种元素在每个人身上同时存在。在这之前，这种观点就已存在，在中世纪，就有人说，每个男人的身体里面都有个女人。对于男性中存在的女性因素，我称之为阴性特质。这就是说，从外表来看，某个人的人格很正常，但他也许隐瞒了一些东西，这些被隐瞒的东西是由"内在的女人"造成的。

其实上面那个病人的事例就说明了他的阴性特质不好，对此，梦给了他一个警告："在有些方面，你的行为像一个堕落的女人似的。"

由于意识天生抗拒任何潜意识和未明的事物，因此做梦者很容易忽视或者否认梦的讯息。其实这种"厌新主义"不但在未开化的人中间存在,在"文明"人中也很常见,虽然他们用不同的方式厌"新"。不管在哲学界、科学界还是文学界,这种现象都导致这些领域的先驱成了守旧的牺牲品。作为最新兴的学科,心理学也不可避免地会遭到冲击。

梦是研究人类产生象征能力最基本、最易到手的材料。所以在前面,我已经描绘了讨论梦问题要遵循的几个原则,人很少用适当的方式讨论它。我们要知道:第一,梦是一个有意义的事实;第二,梦是潜意识表达自己的特殊方法。这是讨论梦最基本的两点。

即使我们认为潜意识很低俗,但是,我们也不能否认它值得研究;如果有人认为梦是正常事件,就要想到它是有目的或者兼具原因与目的的存在。

三

现在我们来看一种方法,这种方法结合了有意识和潜意识的内容。比如,几分钟前,你还记得接着要说什么,突然,你把它忘了。或者在你向别人引荐朋友时,你忽然把他的名字忘了。其实,那些思想已经暂时与意识分开，变成了潜意识。在感官上，我们可以发现同样的现象。由于个人注意力的固定增加和减少，在听一段轻微曲调的时候，在固定的时间，我们似乎觉得声音消失了，然后才又重新开始了。

即使我们意识不到某物时，它也还是存在的。这就像在转角失去踪影的汽车，它还存在，只不过我们看不到了。所以，除非这种事物彻底消失，不然，潜意识中那些隐蔽的内容——印象、概念等，会继续影响着我们。我们举个例子来说明这点，有一个人进房间想拿些东西，忽然他忘记要拿什么了，他手足无措地在房间里走来走去，忽然，他的潜意识唤起他的记忆，他觉察到了要拿什么。

如果你观察一个精神病患者，你就会发现，他虽然在听、在看，但他却一无所得。在这种情况下，你就会明白，他做的许多事情都是无意识的，而潜意识的内容好像是有意识似的。

他的潜意识干扰了他的意识，使他的行为变得易变。甚至他的皮肤会出现类似的波动。有时候，精神症患者毫无感觉，有时候又会觉得自己的手臂被针刺了，有时候他的身体会呈现完全麻痹的状态。不管哪种状态，他对这一切都毫无意识，但是他却知道每个细节。医生要想清楚地了解这个过程，可以对病人实施催眠。

我记得这样一个病例，一个不省人事的女人被送到医院，第二天才苏醒，醒后她除了知道自己是谁，对其他事情一概不知。我对她实施了催眠，在催眠之下，她的记忆就像有意识的人一样清晰，她告诉了我她的病因以及来医院的整个过程，因为她在进口大堂看见了一个钟，她甚至说出了入院的时间。

临床观察的证据对我们讨论这种问题十分必要，因此，许多评论家认为，潜意识表达的任何神经性症状或精神病与正常精神状态无关，潜意识要表达的东西属于精神病理学研究的范围。但事实上，在所有正常人的身上，我们都可以看到歇斯底里的症状，只不过它表现得不明显而已。神经症的现象，只不过是经过病理学夸张的正常事件导致的，并不是完全由疾病导致的。

用遗忘过程举例，因为意识每次只能完全意识到几个意象，当一个人的兴趣转移，以前所关心的事物就会被遗忘掉，这是一种正常过程。如探照灯照射新的地方时，它原来照到的地方就会陷入黑暗一样。

这些被遗忘的观念转化成了潜在的意识，但并没有停止存在，因此，它们可能随时会进入人的意识，从而被人们想起，有时候人们甚至还可以想起来遗忘了好几年的事情。不管是因为我们的注意力发生转移，还是因为我们的感官受到的刺激太轻微，反正这些事情被我们忘记了。但是，潜意识却收容了它们，在不知不觉中，它们还影响着我们为人处世的态度和方式。

关于这个问题，一个教授的例子给了我很大的启发。一天，在乡间，他和几个学生边散步边交谈。突然，一些对童年早期的回忆带走了他的思绪。他不知道这是为什么，因为他和学生谈话的内容与此毫不相关。他建议学生跟他一起回到引起他幻想的地方去。他很快意识到，是这里鹅的味道触发了他的回忆。他的童年是在一个养了很多鹅的农场度过的，他的脑海里，永久地留下了鹅独特味道的印象。因此，当他又注意到那些气味时，就想起了"早被忘记"的回忆。

这些"线索"可能会引起神经症病状，也可能使人想到已被遗忘的正常记忆。比如，有个女人开心地在办公室忙着工作，忽然，远处传来了轮船的汽笛声，这使她想起来与爱人离别时的痛苦，她感到浑身都不舒服起来。

每个人都想忘掉一些不愉快的事情，因此，我们常会下意识地遗忘那些讨厌的记忆，在心理学上，这被称为"压抑的满足"。

比如，一个秘书因为嫉妒老板的伙伴，每当开会的时候，她都会习惯性地忘记通知他，而从不会考虑忘掉他的真正原因。

意志已经被很多人错误地高估，在他们看来，心灵的所有内容就是决定和意图。但是很显然，心灵的内容还包括无企图，这是自我的"另一方面"。那秘书之所以忘记邀请老板的伙伴就是她自我的"另一面"在作祟。

很多原因都可以导致我们忘记，如果要重新记起，也有很多的方法。"潜在记忆"和"隐藏记忆"是最有趣的例子。一个作家可能会突然改变自己的构想或者故事内容，从而开始写一些与其他作家作品类似的内容——他确信从来没看过这个作品。在《查拉图斯特拉如是说》中，我就发现了这样的例子。那里面，尼采写了一段和自己风格迥异的内容，而它的内容和一篇航海日志曾经报告的意外事件很类似。我写过信询问他仍旧在世的妹妹，她确定了我的猜想——尼采确实读过这本书。这是他11岁时候的事情。如果说那本书的观念在50年后又浮现在他的意识中，我是相信的。

这确实是种记忆，一些观念或意象从潜意识中回到了意识中，虽然未必被察觉。在音乐家的身上，我们也可以看到类似的例子，在成年期的交响曲乐章中，我们可能会发现他在孩提时代听过的曲调或者音乐。

我们有意遗忘的所有动因、冲动、企图、直觉、思考以及感情的种种变化，都是潜意识的内容。出于种种原因，我们不愿意再意识到它，所以我们就把它"遗忘"了。"遗忘"可以腾空意识心灵，使它有更多的空间容纳新的印象和观念，从而使其处于相对有条理的状态。所以，"遗忘"很正常也很必要。

潜意识不仅储藏着过去，还会萌发未来心灵情况的新芽，关于这点，有很多争议性的讨论。但实际上，像有意识的记忆一样，从未被意识过的全新思想和观念也能从潜意识中把自己呈现出来。

这点表现在很多方面：在日常生活中，一些出乎意料的新方法可能会解决一些难题；许多艺术家、哲学家甚至科学家都会从自己的潜意识中得到灵感，从而做出天才式的贡献。

我发现在专业的工作里，人类心灵中产生的新资料对阐明梦的意象和观念十分有意义。科学史上有很多这样的例子。比如，英国作家罗伯特·路易斯·史蒂文森在梦中显示的情节，使他完成了《化身博士》的写作；法国哲学家笛卡儿从意外启示中发现了"所有科学的秩序"。

刚柔特质与生活的态度

一

影子出现本身不一定带来伦理问题。其他的"内在意象"通常会出现，如果是个男人做梦，他会发现，有个女性化人格在他的潜意识中存在，如果做梦的是个女人，潜意识中，存在的就是个男性化人格。阳性特质代表男性的形式，女性形式用阴性特质代表。

阴性特质在男人心中是所有女性心理性向的化身。暧昧的情感、预言、非理性、对自然的感情等都是阴性特质。所以，原来的女祭司能接触到诸神并参透神意。

阴性特质是男人心中的内在人格，他们认为女性化人格可以让他们与"灵界"接触。北极圈部落先知僧人的行为很好地诠释了这一点。他们穿女人的衣服，甚至在衣服上画乳房以与"灵界"接触。

有这样一个报道，一名老僧人施法把一个年轻人埋在雪洞里，这个年轻人昏昏欲睡，忽然，一个浑身发光的女人出现了，她就像他的保护女神一样，指引他、帮助他。这表明，男人潜意识中的人格化是阴性特质。

通常情况下，母亲塑造了男人性格的阴性特质。如果母亲的影响是消极的，他的阴性特质通常也很消极，甚至会变成一个恶魔。他会不断地暗示自己："我一无是处，没有什么值得开心。"在这种暗示下，他的生活会充满被压迫感，如果这种压力过大，还会导致其自杀。

在法国，这种阴性特质意象被人格化，被称为"女性命运"或莱茵河女妖，是有害幻象的象征。下面通过故事来说明。

一天，在森林另一面的河中，一个美丽的妇人浮出来，她向一个寂寞的猎人边挥手边唱歌：

哦，在寂静黄昏中的孤独猎人，来呀。

哦，来呀。

我想念你，

现在，我想拥抱你，

我就住在附近。

来呀，来呀，处身于寂静黄昏中的孤独的猎人。

猎人脱掉衣服向她游过去。忽然，她变成了一只猫头鹰，嘲讽地大笑着，然后飞走了。当他想再游回去时，却被淹死了。

因为追求不能实现的幻想，那猎人淹死了。除了这个故事，世界上还有许多故事或传说，讲述了"恶毒心肠女人"的故事：她很美丽，当她和情郎第一晚相好时，就用身上藏的武器或秘密毒药把他杀死，这都是消极阴性特质的伪装。男人人格中消极的阴性特质，会贬低每件事的价值并扭曲真理，具有很大的破坏性。

在安徒生童话中，也有好心老妇人救人的故事。在这样的故事中，阴性特质象征母爱的温馨、爱情、幸福等美好的东西。

三

如果母亲对男人有积极的影响，这也会影响男人的阴性特质。他们常常不能应付艰苦的人生，变得不像个男人，不是多愁善感，就是敏感得像童话中的公主那样，一颗存在于三十张床垫下的豆子，都能感觉得到。在另外的一些情形下，消极的阴性特质会使男人玩危险的智力游戏，这通常会在一些童话中表现出来，公主让向她求婚的人猜谜语或者找东西，如果做不到，就要被处死，最后的结果一般都是公主赢了。

对性爱的幻想是表现阴性特质的主要形式。阴性特质原始粗糙的一面在于，通过看电影、脱衣舞表演、对春宫图片做白日梦，等等，来减轻他们的幻想。当男人仍旧幼稚地对待生活的感情态度时，阴性特质就会充满强制性。

对影子进行观察时，曾经看到过阴性特质的一些面，如它们能被主观客观化。比如，男人第一次看到一个女人时，就立刻知道就是"她"，在自己的一辈中，他都知道她，他突然而疯狂地爱上了对方。在别人看来，这个男人简直是疯了。其实这都是阴性特质造成的。也正是这种特质的出现，充满"神话般"特点的女人最受欢迎，因为围绕她，男人可以实现自己的幻想。

对阴性特质的消极面，我们已经做了很多的论述。其实它还有很多积极的作用。比如，阴性特质可以帮助男人找到合适的结婚对象；阴性特质还可以帮助男人认识到自己潜意识中的想法。在调和人的思考和内在价值方面，阴性特质十分重要。不管对内在世界，还是"自己"，阴性特质都起指导和调停的作用。它扮演但丁"天堂"里华翠的角色，这就是阴性特质在前面僧人施法例子中出现的原因。

关于阴性特质是内在世界的指导和调停者这点，我们可以在很多文学作品中看到，比如歌德的《浮士德》之中的"永恒的女性"。在中世纪的神秘经文中，"阴性"的意念这样解释她自己：花、公平的爱——我是牧师的戒律，我可以使事物的性质颠倒，我是先知的语言，聪明人也要问我的意见。

为了展开内在个性化的过程，男人们必须更谨慎地处理幻想和感情，只有这样，男人才会发现，"自己"的重要讯息通过"内在的女人"传递。

与男人的阴性特质一样，女人的阳性特质也表现出善与恶两方面。不过与阴性特质不同，阳性特质大多以"神圣的"、隐秘的形式出现，而很少以性爱幻想或情绪的形式表达。当阳性特质出现时，女人通常会以洪亮的男性化声音表达自己，或者用兽性的情感强迫他人。这时候，女人的男子气概很容易就能辨认出。外表柔弱的女人同样也有男子气概存在，如果显示出来，照样会让人大吃一惊。

在女人的思想上，阳性特质最喜欢不断重复这样的主题："我渴望爱，但他并不爱我"或"只有两个同样糟的可能"，阳性特质的意见往往正确无误，以至于我们很少能反驳。但它容易成为表面合理实际离谱的意见，所以在大多数的情况下，并不适合个体。

三

女人的阳性特质通常受到父亲的影响。

像阴性特质一样，阳性特质有时候也是死亡的化身。例如，吉卜赛人有这样一个故事。一个寂寞的女人做了个梦，梦中警告她，她将要收留的男人是死亡之王。但是这个女人并没有听从梦的警告，仍旧收留了那个陌生的俊男。过了一段时间后，这个女人问起男人的身份，这个男人一开始拒绝回答，并告诉她如果说实话，她就会死掉。但是这个女人坚持让他说，于是他说自己就是死亡，这个女人就被吓死了。

从神话的观点来看，在此，那陌生人是死亡之王。但他是个教徒的"父亲意象"或"神意象"；从心理学观点来看，他诱使女人脱离和男人的亲近，代表了阳性特质的特殊形式，并把与梦类似的思想具体化，从而使那个女人与实际生活也脱离了。

死亡化身不是消极阳性特质的唯一表现形式。以蓝胡子为例，在密室内，他偷偷地杀死了他所有的妻子。因此，在童话中，消极的阳性特质还扮演强盗和凶手的角色。在这个形式中，当女人对自己的感情责任没有明确认识的时候，阳性特质具体化了所有突然入侵她的潜意识、冷酷、有害的思想，她就可能开始一种也许没什么实际伤害的，但充满阴谋和恶意的、算计式的思考。在这个念头里，她甚至希望别人死亡。比如，一个女人在看到地中海海岸的旖旎风光后，这样对丈夫说："如果你死了，我就搬到这里。"

女人潜意识里的阳性特质也许会一直不停地暗示她："你没有什么可期盼的，生活再也不会转好了。"如果这个女人养成了这种态度，虽然这种态度如此秘密，并不会出现在她的意识层面，但它具有很强的破坏性，这可能会使一个妻子或妈妈变得不可思议，她们可能会迫使丈夫和孩子生病、发生意外或者去世。

当我们的思想被这些具体化的潜意识支配时，我们好像真的是这样想的，感情上也确实对自己的亲人充满仇恨。我们无法排除这种想法，因为自我认同了它们。只有当这种支配消失之后，我们才会明白，我们原来绝不是这样想、也不愿意这样做的，而了解到这点会让我们心有余悸。

　　阳性特质与阴性特质一样，也有积极和有价值的一面，并非仅仅表现出残忍、鲁莽、邪恶等消极的特质。为了更好地了解这点，我们可以来分析一个梦，这个梦是个中年妇女做的。"我和妹妹待在家里，忽然，两个身穿黑外套、戴着面罩的男人通过露台爬到了我们家里。我妹妹吓得躲在床下面，他们逼她出来，折磨她。之后，他们中带头的那个把我推倒墙上，开始施魔法。随从的那个在墙上开始画东西，我告诉他画得很好，他骄傲地说：'当然了。'然后就擦拭起自己的眼镜来。"

　　这个梦较深的意义到底是什么呢？实际上，每当她想到自己的亲人有危险的时候，她都痛苦不堪。但是，到底是什么隐藏在那些忧虑的背后呢？原来，与她的妹妹一样，她也有画画的天赋，梦中那个人显示的画画才能表现的不过是她自己的天赋，但是对于她而言，她不知道坚持画画会不会有意义。这在她潜意识的层面，她不能得知。但是，潜意识的阳性特质通过梦告诉她，她应该保持这种爱好和天赋，这样，她就是在进行一种有创造力、有意义的活动，从而摆脱那有害而苦痛的阳性特质。

在童话中，我们常会看到"象征阳性特质变成意识"的故事，这些故事通常是这样的，一个不幸的王子被施了魔法，变成了野兽或者怪物，后来，一个爱她的女孩历尽千辛万苦使他又变成了原来的样子。但是，在这个过程中，女孩子通常不会问这个王子的具体情况，也很少见到这个王子真实的样子，这意味着她对王子带有盲目的信任和爱，并凭着这股信念来赎回他。

只有历经长时间的痛苦，女人才能解决阳性特质的问题。一旦她知道了自己阳性特质的内容和作用，并能摆脱它控制的时候，阳性特质就能使她充满勇气、智慧和进取心，从而成为她内在的好朋友。

四

与阴性特质一样，阳性特质的发展分为四个阶段。第一阶段，肉体力量的具体化形象——"健美先生"等；第二阶段，进取心和计划行动的能力开始出现；第三阶段，以"字"的形式出现，通常化身为教授或者牧师；第四阶段，在这个至高的阶段，他调停宗教的经验，是化身的体现并赋予生命新意义。为了补偿女人外在的柔软，它给了女性无形的、保持精神稳定的内在支持。在第四阶段中，女人的阳性特质甚至会使她更易接纳新观念，因此在许多国家，早期的女人总是被当作先知。如前面所说，如果女性的阳性特质能够发挥积极作用，女人就可以得到潜意识的暗示，从而使自己找到方法强化对生命的精神态度，并在文化和个人客观处境中，处于优先的地位。

如果阴性特质和阳性特质都想支配对方的话，这就会在夫妻之间产生分歧，使双方变得情绪化。

性格哲学

性格哲学

每个人都有自己的个性

我们努力在现代创立一个类型理论。进行这个工作之前，我们有必要回顾一下历史。据我们所知，最早尝试按照类型给个人分类的是东方的星相大师们。他们认为，十二宫中的每三个为一组，每组分别对应气、水、火、土。在星象图中，黄道带中的玉瓶宫、双子宫和天秤宫三宫组成气宫组；白羊宫、狮子宫和人马宫组成火宫组等。而出生在这些宫的人都会带有出生宫的性质，并且表现出相应的气质和命运。古典生理类型理论就是从这个星相学体系发展而来的。在古典类型理论中，假设存在于人体的四种体液——黏液型、多血型、胆汁型和抑郁型对应着星象体系中的四种气质。这种类型理论延续了将近1700年，而最初的星相学类型理论又重新变得时髦。对此，开明人士十分惊讶。

在处理这个问题时，我们的科学良知不允许我们再用直觉，这就要求我们在这个问题上给出一个能满足科学要求的答案。

类型分类的标准是这个理论的主要困难。由星座决定是星相学的标准，对于"通过什么方法，把人的性格归结到黄道十二宫和行星上去"这个问题，至今没有答案。现代生理类型和希腊人的心理气质类型一样，都以个人的外表和行为作为标准。问题在于，怎么确定心理学类型理论的标准？假设我们要过一条小溪，但它太宽了，而且没有桥，我们必须跳过去。在我们调动心理动力这个复杂的功能系统做到这点之前，我们要做出一个怎么办的决定，这是个纯粹的心理事件，具有个体性。但是我们很少意识到这点，也就是说，和心理动力装置系统一样，我们在做决定时，一个无意识的纯粹心理装置也在发挥着作用。

这个心理装置到底是什么，众说纷纭。唯一可以肯定的是，每个人都有自己个性的习惯，跳过小溪的原因很多，有的人认为别无选择，有的是因为有趣，有的根本不会跳，有的是为了进行所谓的挑战。

这些习惯性的动因实在是没办法穷尽，而且这对于分类也没有什么用。

关于这个问题，我只能说，每个人都有自己的解决办法或者说是偏见，我不知道别人都是怎么做的，我只能说我自己是怎么做的。正是通过许多人不同的观点，我们才创立了科学。

我们观察到一个很有趣的现象，有的人行动前总要预先考虑一下，这是他们的习惯，但是当情况不允许他们考虑的时候，他们也会考虑，这就导致他们会失去机会。从这个意义上，我们认为他们是消极的。与此相对应，有的人被称为"非思考型"，他们不管做什么都会马上行动，而且很少考虑后果。

我们也会很快发现，有这样一类人，他们犹豫的原因不是要预先考虑，而是因为怯懦，他们做出反应之前，总是习惯地退后一步，然后才能做出反应，他们与对象呈现出否定的关系。而在面对同样的情况，另外的一类人会非常自信，他们会向前一步，马上做出反应，而且他们在做这个事情的时候，也是有自己的考虑的，他们对对象是肯定的态度。

　　前一类人对应的是内向型性格，后一类人对应的是外向型性格。我们必须了解到这两种类型的其他特征，才能真正了解到它们差异的价值和意义。

　　一个人不可能因为内向，就必然在所有方面都内向，外向也是如此。我们说某人内向就是指，他的一切心理事件会按照内向的规定发生。我们认为"外向"这个术语只是表达个别事实，没什么特别意义，但"外向"这种表达方式不会同意我们的观点。它们认为自己之所以外向，那就是因为它们也会表现出某些典型特征。

　　内向和外向都是一种基本的倾向，他们都是典型的性格。这种基本倾向不仅决定着行为模式，还制约着整个心理过程，并使习惯性的反应得以建立，通过它，还有希望发现无意识补偿活动的类型。

　　那些开朗、善于交际、快活的人与那些缄默、固执并常常有点羞涩的人对比鲜明。即使从一个外行人的角度来看，也可以很容易发现内向和外向的不同。外向的人总是与世界保持联系并受世界影响，即使他们与世界发生冲突，这种联系也仍然保持着。

　　可能一开始，人们会认为这种内、外向的差异仅仅是个体的差异，但是如果透彻地了解了很多人之后，人们就会改变这个看法。其实，内、外向的差异在社会的各个阶层、各个性别中普遍存在。也很难说这种普遍分布的情况是否取决于有意的选择，因为在现实中我们发现，不管在任何阶层都可以发现完全相反的性格类型，甚至在一个家庭中，不同孩子的内、外向差别也是明显存在的。很显然，这些类型的分布是随机的。

既然，性格类型与意识判断或意图并无联系，它们是普遍现象，又是随机分布的。那么可以说，某种潜意识和本能造成了他们的存在。所以，作为一种普遍的心理现象，类型间的差异必定有着生物的基础。

从生物学的角度看，主客体双方相互修正，这些修正使主客体之间存在着适应的关系。在自然中，决定生物进一步生存的是两种不同的适应方式。一种是自卫手段多样，但繁殖率低；一种是自卫力量差、生命周期短，但繁殖率高。在我们看来，这种生物的差异性就构成了两种心理适应模式的基础。因此，我们可以说，客体的类型性格就是适应的过程。外向型的性格通过各种方式扩展自己；内向型的性格则通过保存自己的力量，来使自己的地位得到巩固。

生存竞争不是特定性格的决定因素，因为在他们很小的时候，儿童就呈现出来了典型的性格。父母对孩子性格的形成有很大的影响，但是他们不可能成为形成孩子性格的决定因素，因为即使母亲相同，不同的婴儿也可能表现出不同的典型性格，所以，我觉得，决定孩子性格类型的是个人气质。这仅仅是指在正常条件下的情形。如果母亲的性格极端反常，也可能造成孩子向相反的方向发展自己本来的性格。通常，无论何时，如果一个个体因为外来的影响，性格发生了畸变，以后他就不可避免地会成为心理症患者。而且只有真正发展出与个体天性和谐的性格（心理），这种病症才能被治愈。

当然，显然存在这样的个人，相对于其他方式，他更愿意接受某种特定的方式。这是在个人特殊气质这一问题上，我们唯一能说的了。也许那些不为我们所知的生理原因也发挥了一定的作用。从经验来看，类型的转换往往会引起严重的衰竭状况，对生理健康极其有害。

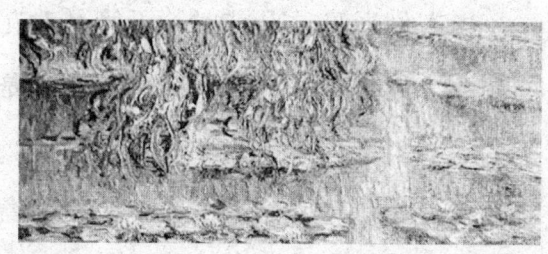

四种心理功能

感觉的整体印象

感觉是一种表象因素，它的主要功能是，把从外部感觉到的刺激转化为知觉，同时，赋予情感以感情的特征。感觉具有情感的因素，但是它和情感根本不同，情感伴随着强烈的生理冲动，受自我控制，它完全是主观的。但感觉在物理变化和意识之间执行着传达的功能，虽然也有某种生理冲动的表现，但它表达的仅仅是一种感受。

具体的感觉与抽象的感觉也不相同。外部环境的刺激和内部感官的变化都可能导致具体感觉的变化，它与表象、情感等一起，共同表达了一个整体的印象，是不纯粹的感觉形式；抽象的感觉是被分解掉的感觉形式，它可以用"审美的"形式表达，可以达到高度的净化，具体的感觉无法达到这点。

当人们看见一朵花时，不管是对花的具体部位产生的印象，还是对花的不同情感，或者是把花做生物学分类的思想，都属于人对花的具体感觉。而抽象的感觉总是关注花最为突出的特点——颜色、气味、形状，并把这点作为自己主要的意识内容。抽象感觉与原始的功能形式无关，它是分化的产物，当它与意志联系起来，就表现出来审美感知的倾向，所以与具体感觉相比，它更适用于艺术家。

作为一种基本现象，感觉是不属于理性的被给定的东西，它发挥的只能是"非理性"的功能。如果感觉原则决定了一个人的整个态度，那么他就是感觉型的人。

如果感觉是正常的，它们的价值与物理刺激强度大致相协调，也就是说它是均衡的。如果另一功能占优势，感觉就被抑制（不正常的微弱）了，如果它与其他功能不正常的混合，它就会被夸大（不正常的强大）。这些都是病态感觉。如果能发挥其本质分离与感觉混合的功能，就可以停止夸大的感觉。

在外向的性格中，感觉涉及运用意识，它的主观部分会受到客体的限制。但从另一方面说，感觉是一种功能和本能，带着强烈的、潜在的活力，当它占优势时，它就感性地把握了客观，这种把握往往带有客观规定性。也就是说，从客观生理的角度来讲，我们可以看到或听到一切事物，但是不见得我们对所有的事物都有感觉，有时候，我们甚至感觉到什么也是由感觉本身来确定的。

在内向的性格中，感觉同样会受到客体的限制，除了客体的限制，它还要受到正在感知的主题的限制。用画画举例来说。面对同一处风景，几个画家可能会创造出不同的作品，除去个人技巧和能力的不同，造成不同的主要原因在于观察角度、试图反映主题的不同。

感觉是一种首先与主体相连、然后才与客体相关的无意识倾向。知觉的发展也遵循这样的过程，与客观感受不同，它是从不同角度来进行的主体对事物的观察。

一种本能的领悟

从拉丁语来看，直觉的意思是探看或窥视。它是一种基本的心理功能，通过它，感性认识对象（包括内在的对象、外在的对象、内在对象与外在对象的联系等）

的内容可以得到无意识的传递。

直觉是一种本能的领悟，我们可以通过它把任何内容都整合为一个整体，而且不需要解释是如何整合的，它与情感、感觉和理智都不相同，它是可以出现在这些形式中，又可以独立于这些形式之外的一种形式。

虽然与情感和思维内容的特征（情感带有"派生"的性质，思维带有"推理"的性质）不同，但直觉内容也有确定的特征，这种特征由外在对象和内在明确的心理事实共同确定。不过对这一心理事实，主体并没有意识到。

主观的和客观的是直觉的两种表现形式。客观的和主观的直觉形式都是一种感性认识，它们的不同在于，前者是对依赖于客体事实的感性认识，后者是对心理事实的感性认识。

涉及事物真实性的感知是具体直觉的感知，它是一种反应过程，直接来源于特定的环境；而抽象直觉的感知使某种定向的因素和某种带有意图的行为成为必然，它传达的是有关观念的联系。

依靠着感性直觉，直觉可以突然出现，它是对神话意象的感性认识和理念预兆的传达，直觉还具有原始心理和婴儿心理的特征，这点与感觉相同。

从直觉里面，可以产生思维与情感，它是对感觉的一种补偿。它与理性法则保持和谐，不管从它的根源还是外部表现来看，都是可以的，但它并不是一种非理性的功能。因此，对于任何一个凭无意识去感知的人，我们都认为他是直觉型的。

直觉可以分为内向和外向两类，在认识和感知中指向内心的直觉是内向直觉，外向直觉则在行为和成就中指向世界。

在外向状态中，无意识直觉完全指向客体；在意识中，直觉表现了一种知觉的洞察力，显示出一种期望，只有在最后，客体中实际潜伏的东西才能被证实。

直觉"注入客体的东西跟它从客体取走的东西一样多"，所以它是主动创造的过程，而不是单纯的知觉或者意识。在创造性的过程中，清晰的直觉和公正的意识，总是容易被感性刺激干扰，感觉不断地想攫取直觉的对象为自己所有，从而成了直觉最大的障碍。直觉的客观倾向在外向性格中表现得很明显，所以，在外向性格中，直觉与感觉很接近，虽然对此，个体不一定有意识。

在外向状况中，在客观环境中，直觉总是设法找到最大的可能性。在内向状况中，直觉的主观因素是决定因素，它直接指向的是内在客体。在这里，内在客体决定了无意识的内容。内向直觉之所以能真正领悟到神经刺激的意象，并清晰地知觉到意识的所有潜在过程，是因为它压抑了这方面的主观因素。当它忽然感觉到自身时，它会设法去探索每个意象，并探索意象的每一个细节。

内向直觉对内在客体并不太感兴趣，它从来不考虑在自身和现象间建立联系，而总是在无意识中寻求最大的可能性。内向直觉所把握的是那些先验的、无法理解其本质，但又表现了全部种族心理功能的原型。内向直觉可能会预见那些普遍的偶发事件以及随后发生的事件，这是因为原型差异越大，越能激起内向直觉的强烈感受。

思维对我们的影响

思维是一种心理功能和统觉活动，分为主动思维活动和被动思维活动，它用某种方式根据自身的规律来表达概念关系。

主动思维是一种有意志的、经过深思熟虑的判断行为，是一种定向思维；被动思维是缺乏定向情感的偶发现象，类似于"直觉思维"。

思维不是简单地串联各种表象的活动，用概念来连接想象才是思维，评价事物的正确与否是它的主要作用。它被思维发达和思维功能良好的人所钟爱。

"智能"是定向思维的才能。定向思维总是根据意识理性规则，用概念来表达表象，具有理性的功能。与之相反，"智能直觉"根据无意识和不合理的标准来表达表象，具有非理性的功能，因此它是非定向或者被动的思维才能。有时候，虽然判断直觉行动的方式非理性，但却与理性保持一致。

还有一些思维，按照情感的原则活动，没有自己的逻辑，如果说有一些逻辑规律出现的话，那也不过是一种悬而未决的状况，而且完全是出于情感的考虑。这种思维不是直觉思维，而是依赖情感的思维。

在外向性格中，外向思维是显著的特征，客体和客观事件是它的主要思维倾向。思维有主观和客观两个来源，无意识往往是主观的来源，客观事实是客观的来源。但思维有着优先的外向趋势。在外向思维中，客观来源起主要的限制作用。不管是可感知的具体事物，还是某种客观的理念都可以成为外向思维的判断标准。因此，外向思维可以是理念思维，不一定非得是具体的思维。

如我们前面所说，在我们看来，定向思维似乎缺乏主观的自由。而对于观察者来说，很难同时把握思维的外观和本质。因此，忙于物质资料的同时，外向思维排除不了主观倾向思维的侵袭，同样，主观倾向的思维也无法完全摆脱定向思维的影响。因此，当两者意识到对方的侵袭时，他们观念的争斗就会一直存在。这种争斗无法通过区分它们来解决，因为它们都有片面性，需要相互补充。

内向思维总是关注主观内容，它的定向就是主观因素。它关注的总是新的观念，而不是事实，不可能从具体的经验返回客观事物，而总是从主体开始，又以主体结束。所以它拥有的是间接价值，但对于外界事物，它又做了适当抽象的表达。

在内向思维中，潜伏着某些事实。在这种情况下，如果事实战胜了思维，思维中的原始意象就成为完全符合事实的理念，相反，如果思维自由自在地展开幻觉意象，无意识中普遍有效、真实的原型就会增强理念的说服力，从而使思维摆脱外部事实。

在无意识当中，内向型思维与客观事实联系的贫乏会得到补偿。要使原始心理以及它所有的性格特征成功再现，意识与思想的功能就必须结合，这样无意识的幻觉就会走出思想的领地，与其他功能协作，从而完成这个过程。

但是，意识总是阻止着无意识，这就导致自我不能服从无意识的现实和对象，从而就造成了精神神经症。

独立的心理功能

情感通过无意识内容对意识情景做出评价，它与感觉保持一致又独立于感觉之外。情感还是单独地涉及拒绝还是接受的主观标准的一种判断，它的目的不是建立一种理智上的联系。

区分抽象的情感与普遍的具体情感十分重要。因为，具体的情感本身具有独立性，但又与其他功能因素混合，不可避免地会依赖其他的功能。越具体的情感，越提供主观的价值，抽象的情感只与整体性和普遍性相关，情感越抽象，提供的价值就越普遍。因此，情感是一种理性功能。

另外的心理功能未必能完全表达基本的心理功能，因此很难界定情感的本质。任何的分类都会影响对其本质的把握。对情感来说，分类更是件难的事情。因为一些情感根本无法用理性的标准分类。好在，我们还可以从其评价的角度区分它。

从本质的角度来讲，情感评价与理智统觉相对。内容引发情感，迫使主体进行情感参与，是消极的"情感—行为"。与之相反，积极的"情感—行为"，是一种意志的行为，它由主体提供情感郁积的价值。因此，准确来说，消极的情感是非理性的，积极的定向的情感才是理性的。

在外向的情况下，即使在表现客体本质的独立性时，客观事件也会制约着情感，例如，当我们说"美丽的"时，客观因素也会限制着我们。

外向情感与外向思维一样，在摆脱主观影响之前，都要经历分离。人们要想拥有积极的、创造性的、具有理性效应的情感，并对社会有所贡献的话。情感的价值必须符合某种传统的且广为人知的价值标准，同时又与客观价值一致。但是，如果外向情感的人物特征消失，也就是说，在客体那里，这种理性效应被夸大的时候，情感就会变得冷漠、以自我为中心、不可信任和注重利益，失去了原有的魅力。

这样，就产生出了一种矛盾的情感分离。情感价值会攥住每个客体。当个体情感完全淹没了情感主体的时候，情感主体就变成了一种情感过程。这时，情感会变得反复无常，严重时会歇斯底里。

内向情感常常被人误解，因为只有到了后来它才涉及客体，或者对于它来说，客体只是提供了一种附加的刺激而已。它主要由主观因素决定，为了把现实带到主体深层结构中——无意识中，它不断努力。这种情感的强度永远不能被清楚地理解，而只能被神化。

除了思想比情感表达得更清楚，内向型的情感与内向型的思维并没有太大的区别。它们互相对应。因此，如果无法表达主观的情感，那肯定是因为主观思维没有理解。主观思维没有理解的时候，它也会寻找另外可以使别人产生同感又体现自己主观情感的方式（往往存在于人类的原始意象中），来与他人交流。如果自我为中心的态度歪曲了主观情感，它就会使人只关心与自我有关的东西，甚至会演变成病态的自我欣赏，对于他人则缺乏同情，冷若冰霜。

利用某种奇异的力量，客体依附于一种原始的情感，为了保持平衡，内向情感依赖一种原始的思维。在与客体的对立中，内向情感创造出了一种自由。这种自由表现在行为和心灵上，且只对主体负责。这就使原始思维成了客观事件的牺牲品。

外向性格的特性

顺从感觉而非理性

外向感觉型的人越是极少地利用他所获得的经验，他们这种类型的性格越是突出。对于外向感觉型的人来说，对于事情的感觉，与其说是他们的感觉"经验"所致，倒不如说是事情本身的"新意"（哪怕只有一丁点儿）吸引了他们。如果理性被认为是高度发展的真实感，我们就可能认为外向感觉类型的人是有理性的。实际上，他们在面对任何事情时，都听从自己感觉的需要，而不是顺从理性。

这种类型的人，绝大部分都是男性，他们认为感觉是生命的具体表现，人生的目标就是具体的享乐，他们的伦理观也受这种观点的指导。因此，他们不会认为自己是在受感觉的"摆布"。

这类人往往喜欢追求快乐，只要这个客体能够增强感觉（哪怕这增强的感觉对他来说并不愉快），他们就会对它充满兴趣。而对于来自内心的东西，他们就没有那么多的兴趣了，因为在他们看来，来自内心的东西都是病态和让人讨厌的。在较低的层次上，他们没有什么反思倾向和支配欲望，他们喜欢接触而绝不是敌视现实。他们对对方的爱建立在对方外表吸引力的大小上面，他们也能够使自己符合别人的感觉需要，在不同的场合他们会搭配不同的服装；为了增加朋友的美好感觉，他们会用佳肴招待朋友；如果他们为了体面而做出某种牺牲，绝不会让朋友感觉到意外。

如果感觉越来越处于支配的地位，那么被贬低的就不仅仅是客体，感觉还会排除掉进行感觉的主体。这种类型的人一切都以自己的感觉为准绳，他们会沉溺于肉体的享乐和感觉之中。在这个时候，客体所遭受的排挤达到了极致，他们的潜意识将会公开反对他们的感觉。因此，在一些性对象尤其是强迫症的病例中，病理内容往往带有道德或宗教的色彩。像古代的宗教仪式一样，他们显示出琐碎的论证、吹毛求疵地关注细节，理性开始为诡辩服务，直觉退回到人类情感最狭隘的层面，道德沦为可怕的说教，宗教成了荒唐的迷信。

感觉类型的人如果显示出了心理病的症状，就意味着他们缺乏基本的原则，如果从理性的立场来看，他们失去了判断的限制力量，对接纳的任何东西都不加分辨。要进行理性的判断，必须对意识进行压制，但对于感觉类型的心理病人来说，理性判断的压制存在于他的潜意识中，而且以强迫症的形式表现出来。由于分析师所使用的功能还处于相对未分化的状态，因此要想用理性的方式来治疗他，非常困难。

顺从环境而非情感

直觉是一种主动的、创造性的潜意识过程，"它注入客体的东西跟它从客体中取走的东西一样多"，会在客体中造成一种潜意识的影响，而不是一种单纯的知觉。直觉的主要功能是传达意象和事物间关系的知觉。通过别的方式，这种知觉很难传达。在这种情况下，思维、情感和感觉多少都受到压抑，直觉几乎成了心理适应的唯一依赖。在所有被压抑的因素中，感觉受到的压抑是最大的。因为感觉是直觉的最大障碍，他们总是将人的注意力引向物质层面，而直觉总是试图透过物质层面看到更本质的东西。另一方面，外向直觉和感觉很类似，它们都指向客体，直觉甚至还会利用到感觉提供的东西，并成为他们知觉的起点。而且在直觉者的谈话中，他们也会频繁地提到"感觉"这个词，但实际上它们并不是感觉。直觉往往会在无意识中提高感觉的地位。

只有通过对可能性的猜想，直觉才能获得充分的满足，因此，直觉总是试图涵盖最大范围的可能性。在直觉没有处于优先地位时，它是一种备用的工具，随时等待着发挥作用；当直觉处于优先地位时，别的功能都变得束手无策，直觉就会发挥出它的作用。直觉不断地寻找出口和新的可能性，对于直觉来说，客体只有在有助于它发挥作用的时候，才显得特别有价值，如果客体失去了这种作用或者变成了直觉的束缚，它就显得特别没有价值。只要可以发现新的可能性，直觉可以牺牲所有其他的东西。

外向直觉十分依赖外在的环境，因为他们往往被客体所定向。这种依赖与感觉型的依赖完全不同，他们只对那些可能具有远大前景的事物感兴趣，而那些早已确立、价值有限的事物，往往会被他们看成牢笼。如果那些本来有远大前景的事物，失去进一步发展的可能性，他们也会毫不犹豫地抛弃它们。当然，如果哪怕它们仅仅显示出一丁点儿的可能性，直觉也会全力以赴地探索它们。正因为他们对客体的任何可能性都充满兴趣，所以他们往往是冒险家，只要哪个职业能让他们从各方面实现自己的才能，他们就会乐于从事，像很多商界成功人士、政客、投机者、证券经纪人都是这个类型。

在他们身上，思维和情感都是劣势功能，通常由直觉为他们提供判断。直觉类型的人有自己特殊的道德观，他们的道德观忠于自己的直觉，而不是受理智和情感的支配，因此他们很少考虑别人的利益、感受，从道德的角度来看，他们往往被认为是冷酷无情的人。

女性通常拥有强烈的直觉，所以在女性当中，这种类型比在男性中更常见。但是她们的直觉能力往往更多表现在社交领域，她们不断地寻求新的可能性——有远大前途的男性，利用一切社交场合，建立正确的社会联系，而且为了新的可能性，她们可以抛弃原来的一切。

这种类型的人直觉越强烈、鲜明，他们的自我和他们所预见的前景结合的可能性就越大。如果他们的意向是善良的，他们有激起别人对新事物热情的高超天赋，那么他们就可能因此成为新事业的首倡者或者推动者，但是，他们也可能在第二天就抛弃了这一事业。这时候，他们的态度不再以自我为中心。如果他们把直觉应用到对人的判断，他们就能通过直觉判断出人的能力和潜力，甚至会因此而创造出"新人"。因此，无论从经济的观点看，还是站在文化的立场上看，这种类型都非常重要。

直觉者使生活的丰富性遍布他们周围的一切，他们使人和事都显得生机勃勃，同时，对他们自己来说，这种态度具有危险性，使他们很容易耗费掉全部的生命。他可以收获到成果，如果他们愿意驻足停留，而不去追逐新的可能性；但是他们不会停留，因此，往往由别人来收获他们耕种过的土地，而他们却空手离去。

直觉思维类型的人的这种做法，会受到潜意识的反对。与感觉型的潜意识类似，在直觉者的潜意识中，思维和情感由于受到了抑制，他们就会在潜意识中产生婴儿般和原始思维般的需要。与感觉类型不同的是，他们关心诸如性方面的疑心（男女双方不适合的时候最容易发生的状况）、理财上的试碰运气、对疾病的预感等疑似实存的东西，缺少感觉类型的神秘特征。他们是根据偶性的嗅觉而不是理性来判断，这导致他们更乐意追求不受压抑的自由的生活。他们逃脱了理智的桎梏，看不见人人都看得见的客体。在他们的潜意识中存在强迫性的观念、病态的恐惧及一切荒诞的身体感觉形式，就是客体对他们目空一切的态度的报复。

顺从事实而非意识

一

一般来说，思维有两个来源。一是来自主观（最后可归结为潜意识），二是来自客观事实。由于外向的一般性格特点，外向思维更多的是受客观事实的限制。要想判断，必须预设判断的标准。

判断外向的第一个标准是它的内容是否来自客观环境——包括直接表现出来的客观事实和认识客观事实的客观观念。因此，外向思维可以是纯粹的观念思维，而不一定必须是具体思维，只要我们可以证明这些观念是由传统和教育（即从外界）得来的就可以。

判断它是否外向的第二个标准是它下结论的方向是否指向外界，而不是在于它是否指向具体的世界。这就是说，如果我们的思维得到了进一步的发展，它是否会返回到客观事实或者客观观念中呢？商人、工程师、科学家思维的外在导向性很明显，问题在于如何判断哲学家的思维是否具有外在导向性，他们的思维往往导向观念，如果他们的思维抽象了客观经验或者有客观传统和现实的来源，我们也认为他们的思维隶属于客观范围，是外向型思维。

如果反思一下我们刚才对外向思维所做的论述，我们很可能就会认为，思维都是外向的，就是说，不论它采取的形式是哲学、科学还是艺术，它不是一般性的观念就是来源于客体。从可以被理解和最有效的角度来看，我们确实只认可外向思维，这也是我们当代的思想家都认可的思维类型。

外向只是决定了思想家之间的差异，并没有改变思维的逻辑。在詹姆士看来，这种差异是气质问题。外向思维可能会给观察者造成这样的印象，在客观限制的领域，外向思维的人非常灵活干练，但容易给人缺乏自由和远见的印象，因为这正如我们前面说的那样，好像没有外部取向就不能生存似的，这个人总是被客体牢牢地把控。但观察者本人可能并不这样认为，否则他就可能观察到这种现象。拥有这种思维的人不能掌握它的外观，只能抓住它的本质，而观察这种思维的人看不到它的本质，只能看到它的外观。仅根据外观做判定多半会产生贬义的结论，不能公正地反映它的本质。实际上，外向思维只不过把力量用在了其他的方面，与内向思维相比，它未必使人表现得贫乏无能。

在外向思维试图僭越内向思维的领地，或者内向思维要僭越外向思维的领地时，我们都可以清楚地看到这种差异。比如，如果客观事实把一种主观信念当成是客观观念的衍生物时，这种情况就发生了。而主观观念试图使客观观念服从自己时，这种差异就表现得更明显。两者都感觉到对方在入侵自己，他们就只向对方显示自己最不利的一面，外向思维显得平庸沉闷，内向思维显得特别武断主观。在这两种取向无休止的战争中，产生的是一种阴暗面效果。

要想解决冲突，只要能够区分开客观性质的事物和主观性质的事物就可以了，在这方面，有许多人已经做过了尝试。但是遗憾的是，它们根本不可能被完全区分开来。即使能够做出区分，对人们的思维来说，这也是灾难性的选择。因为它们具有的是受限而片面的有效性，所以需要互相补充与矫正。不管在什么时候，只要客观材料极大程度地限制思维，思维的过程就会成为没有超越任何客观现实，只是一种没有反思的、模仿性的反映，思维没办法摆脱客观事件，建立抽象的观念，也不能引导经验与客观现实相连，它会成为客观事物的附属物，无法把握实际的个体经验，变得非常贫乏。在唯物主义者的心态中，可以很明显地看到这点。

外向思维如果过度依赖客观的规定，就会累积大量未消化的经验材料，完全迷失在没有或者很少有个别性的经验中。这就容易造成思维的分裂。这时候就需要一些诸如"物质""能量"等简单但具有普遍性的概念，整合那些堆积起来但缺乏内在联系的经验材料。这算得上是一种心理补偿。如果思维依赖的不是客观或者材料，而是一些二手的观念，那么，这种心理补偿将会忽略掉事物许多有价值和有意义的一面，这种不过是另一种狭隘而贫乏的事实积累，这种事实给人以更深刻的印象。表现这种倾向的一个很重要的例子，就是当今的科学文献被认为是非常丰富的。

二

我们很容易就发现这样的一个事实，在同一个体身上，不管在力量上还是在发展程度上，总有一种心理功能处于领先地位。也就是说，对个体来说，心理的所有基本功能表现得很不均衡。如果在一个个体身上，反思的思维统领着他的生命，不管做什么事情，他都用或者倾向用思维来考量。这样的个体，我们就称之为思维（内、外向皆可）类型。外向思维类型是这里要讨论的。

从上面对它的界定来看，这种类型的理智的结论总是受客观与材料（客观事实或者客观观念）的限定，他持续不断地把理智的结论与自己的生命活动联系起来。他把一种理智程式赋予自己和周围的一切，这是一种普遍的规则，对他来说，这体现了生命的全部意义。只有符合这一程式的才是对的，不管是决定美丑，还是衡量善良，都要借助这一程式。仅仅只有他自己去服从这一程式是不够的，别的人也要服从它。因为在他看来，这个程式纯粹地表述了客观现实，是可以拯救人类的真理。

在偶然的情况下，这种程式可能会包括忍耐疾病、苦难、精神错乱等，这就可以帮助慈善机构、医院、监狱、传教团等设计出一些计划或者措施。但是，要确保能够实行这些方案，正义和真理是不够的。所以，更多地诉诸情感的基督教式慈善不可或缺。

在这一程式中，会大量出现"人应该（必须）怎么做"这样的表达法。这种类型的人很喜欢把他人放在和自己相同的模子里。这类型的人通常会是成功的改革者、成功的检察官或者成功的创新鼓吹者。如果这个程式越严厉，他就越可能自以为是。

对于外向思维型的人来说，人们越不了解他，越可能对他产生好感，越了解他，就可能会越容易地体会到他的专横。对于他的近亲，更是会深刻地体会到他的冷面无情，从另外一面看，他本人则是自己冷面无情的最深受害者。

这种理智程式会压抑那些依赖别的心理功能的生命形式。例如，在这些类型中，依赖情感的那些生命形式如审美和艺术感受会遭到压抑；宗教体验、激情等非理性的东西常常受到更深的压抑……这些被压抑的生命形式往往与它们同等重要。虽然，有一些人可以为了特定的程式奉献自己，但对大部分的人来说，不可能一辈子都摒弃其他的状态。在特定的条件下，这些被压抑的生命形式，迟早会变成可间接直觉的东西，扰乱这种类型人格的意识。只要这种扰乱的强度够大，就可能使这种类型的人患上心理病症。不过这种情况比较少见，因为个体常常会对程式做一些合理的修改，从而能保证自己处于正常的处境。

这些被意识排除的倾向和功能，与意识相比，属于心理的劣势功能。从意识的层面来说，它们处于次要的位置，但是它们往往能与潜意识的其他内容结合，在整个心理活动过程中起着重要的作用。

在理智程式中，情感是最先受到压抑的。对于这个压抑，如果感情能够接受，它就会使自己适应后者的目标，支持意识中理智的态度。但是这种顺从往往很有限，一部分情感过于桀骜不驯，就被压抑到潜意识的状态，在潜意识的状态中，这种情感继续与意识到的东西作对，并对个体施加影响。从意识的层面来说，这种影响来源不明。下面就是一些劣势功能的情感所导致的事情：极为崇高的意识——利他主义中可能包含着个体完全没有意识到的隐秘自私；有些外向型的理想主义者，为了追求自己的理想，不惜撒谎。在科学界中，这样的例子更是让人痛心，有些研究者对其假设的公式特别确信，为了证明它们，他们会毫不犹豫地造假。因为在他们看来，手段只是为结果服务的。

为了与程式相配合，个体意识会变得非个人化。如果到达极端的程度，为了服务于这种人所坚持的理想，他个人各方面（健康、地位等）的利益和家人各方面（健康、地位等）的利益都会被损害。因此，常常会有这样奇怪的事情出现。他可能在外面有着人道、慈善的美名，但在自己孩子的眼里，他与其说是个父亲，倒不如说是个暴君。高度的非个人化意识，导致在他的潜意识中，情感十分敏感和高度个人化，从而导致他产生类似这样的偏见：任何反对他程式的意见（哪怕明显正确的意见）都是恶意的。不管个体的理智表明自己是多么富有奉献精神，他的潜意识情感都憎恨一切不符合他程式的东西，处于一种猥琐的状态，在这种情感的驱使下，他的表达方式和语调常带有侵犯性、侮辱性。通过19世纪中期的一个例子，我们可以看到这点。根据一个医德很好的医生信奉的医学公式判定，脉搏是确定发烧的唯一指征，这个医生扬言要解雇自己的助手，理由是这个助手竟然用体温计测量是否发烧。

在意识层面，情感越不扰乱理智，在潜意识层面，就越可能对理智造成有害的影响。情感对理智程式的影响同样如此，情感越被压抑，就越可能在潜意识层面改变理智程式原初的合理状态，使之成为僵化的教条。这时候真理就成为主体的"宠物"，不能再为自己辩解。

直到最后，公众才能发现真理的创建者存在着问题，而不是真理自己愿意被过分夸耀。

除了情感，潜意识中被压抑的其他因素，也可能是典型的更改教条的理智程式。尽管任何理智程式都没有普遍的效度，只能代表部分的真理，这点早被理性本身证明。但是，这一程式排挤了每一种其他的生命程式（包括宗教这一普遍性的生命观）。它的优势是如此巨大，以致占据了绝对性的地位，成了一种理智迷信。随着理智程式在意识中占据的位置越来越绝对，其他劣势功能在潜意识中的反对力量也变得越来越巨大，这就导致了疑虑症。于是，意识态度狂热地抵制疑虑症。以至于最后，意识观点的过分自卫导致了潜意识中绝对相反观点的形成。例如，极端非理性主义与理性的对抗。有很多科学家和历史学家都很熟悉的可笑观点都源于此。在这方面，许多先驱者都犯过错误。在女人的身上，更容易发现潜意识的对立观点。

三

对于男人来说，思维往往是他们的决定性功能，因此这一类型主要是男性。一般来说，如果女性的心灵直觉占据优势地位，思维也会在她们身上占据优势。

外向思维型的思想具有创造性，它可以发现新的事实，建立一般概念。因为它的分析总是能增加一些深层概念，从而超越分析本身，达到新的综合，因此，它的判断通常是综合性的。由于思维在意识中占据优势地位，而生命处于稳定流动的状态可以被它很好地展现出来，因此，它的观念总是前进的、积极的。也正是因为如此，它总是用新价值代替旧价值，但它绝不贬低旧的东西，也不会破坏新的东西。如果在意识中，思维失去了优势的地位，它就会经常不断地回想、分析和消化那些已经消逝的东西，它失去了创造性，变得停滞或者后退。它的判断将只会满足于材料本身固有的价值，而不会试图去创造新的价值，这时候，它的判断具有独特的"内在性特征"。

这种判断定向于客体，这种思维类型多见于这样的人身上：他们对一个印象或经验的评论，只是将自己的经验放在了那些早已存在的经验里面而已，丝毫没有增加任何新的东西。

只要在意识中，思维没有优势地位，它就可能以肯定的外表依附于支配性的功能，但如果对它稍加研究，我们就会发现，它在肯定优势功能的时候明显抵触思维固有的逻辑法则。还有一种思维，是我们这里要重点讨论的，即使处于非优势地位，它也会重视自己的原则，而不会屈从于其他功能，因此，它多少会受到意识的压抑。为了让它能从潜意识中无戒备地浮现出来，我们必须这样设计问题："对于这个问题，你私下是怎么看的""你猜猜我对这个问题的真实看法？"……以这一种方法诱使出来的思维，带有消极特征，它总是认为自己判断的对象本身没什么意义，很老套。

还有一种很难被辨认出消极特征的消极思维形式，这就是通神论思维——也许是唯物主义的一种反动。通神论把一切都提升为囊括宇宙的超验观念，比如，某种对象与灵体碰撞可能导致一种常见的神经痛；一个人传递给另一个人"震动波"就形成了心灵感应；亚特兰蒂斯的沉没可以解释大西洋沿岸居民一些人种特征；梦是"另一种层面"上的经验，等等。打开一本通神论的书，我们就会认为"心灵科学"中的一切生命之谜都被解开了。其实从根本上来看，它与唯物主义一样，都是一种贫乏的思维，它们没有任何创造性，也不能解决问题。不但如此，他们还转移了人们对问题的兴趣，因为唯物主义把一切现象都简单化为生理学概念——胃，而通神论则落脚到印度的形而上学——想象的电波。

顺从情感而非思维

情感如果仅仅被认为是主观的，那么就很难理解外向情感的性质。外向情感屈从于客体的影响，即使它似乎能在具体的客体外存在，但仍旧受传统或者普遍价值标准的支配。比如，我们称某种东西"美"或者"善"，仅仅是因为这样做是对客体固有性质的表达，而不是因为我们自己主观上的想法；我们称一幅图画很美，这可能是受很多因素的影响，也许是因为它上面有名家签名，或者是害怕触怒收藏它的人，要不就是为了营造和谐的氛围……总之，种种客观因素控制了我们的情感。

外向情感经历分化，与传统的和普遍的价值标准保持一致。这种情感对人们很有益，它使人们形成美妙和谐的社交性格，支持为大众谋福利的慈善事业，他们会去教堂祷告、去欣赏音乐剧。总之，这种情感使人们过着美妙而富于人道的生活。另一方面，如果外向情感被客体完全同化，情感的个人特征就会消失，情感就变得冷漠无情、不可信赖，它的魅力也就随之消失了。在外人看来，他们总是在装腔作势，尽管他们自己对此并没有意识。

过度外向的情感除了能满足人们对美感的期望，几乎没有别的功用。如果情感继续这一过程，个体情感就会完全淹没主体，在别人看来，存在的只是情感的过程，而不是情感的主体。情感变得反复无常，甚至会歇斯底里，而它原有的人性温暖则消失殆尽。

当外向情感占据优势时，我们就认为这是外向情感类型，这种类型大部分都是女性。她们往往听从情感的指导，如果她们受过良好的教育和教养，她们的情感会服从意识的控制。在这种类型里面，尽管主观的因素遭到了很大的压抑，但她们的情感仍旧带有个人特征，极端的例子除外。在很多情境中，尤其在"选择爱人"的时候，可以清楚地看到，她的情感与环境和普遍价值观保持一致。她爱上了一个"合适的"的男人，"合适的"在于这个男人社会地位、年龄、能力、收入等符合普遍的标准。这种婚姻在现实中数不胜数，她的爱情也是真实的，只要她的丈夫和孩子符合传统标准，她绝对会是个贤妻良母。但是思维总是时不时地干扰她的"正确"情感，于是在这种类型的人身上，她会尽可能地压抑思维。但是她绝不是不思考，相反，她会大量地思考被情感容许的东西，而对于导致她情感紊乱的东西（哪怕非常符合逻辑），她也会果断地把它剔除掉。

如前面所讲，如果主体被客体完全同化，人格就会消融在当下的情感中，或者是为了情感而情感。由于实际的生活总是不断变化，从理论上来说，随着生活不断变化，情感也会随之变化，这就可能导致多重人格的出现。但在实际生活当中，由于自我的基础保持不变，因此多重人格是完全不可能的。个体情感的不断变化往往显示为在自我统一基础上的情绪变化。随着它不断客体化，潜意识中的内容变成了公开的对立，原来它们只是对意识的补偿。于是她自身分裂的迹象明显起来：她的情感变得夸张，而且喋喋不休，对一件事情的看法变来变去。而且她越是强调她与客体的情感，情况就变得越糟糕。

从前面的论述我们可以看到，思维很容易干扰情感的功能，因此，在这种类型里面，思维往往被情感压抑。作为一种劣势的功能，思维不得不屈服于情感这种优势的功能，在意识的层面，如果它的逻辑与情感不能相容，它就不得不放弃自己坚持的逻辑法则。但是在意识看不到的地方——潜意识领域，这种逻辑仍旧存在，而且仍旧坚持着与情感不相容的结论。因此，在潜意识中存在的思维具有幼稚、原初、否定的特征。

意识情感一旦失去个人特征——人格一旦分裂，潜意识思维就不再是补偿性的。主体也就与潜意识的思维功能联系起来，进入到潜意识中，潜意识思维的对抗越是变得强烈，它就越容易进入到意识的领域。

　　潜意识在进入意识的时候，往往带有否定和贬低的性质，这就导致在某些时候，这种类型的人就会在客体身上（原来一直被他们尊崇）施加最可怕的思想，从而表现出歇斯底里症，这是这种类型的人最常见的心理病症。

内向性格的特性

那些丰富的内心

作为内向型的人的一种,内向感觉的人关注的是事物的效果,而不是事物本身,他们沉浸在主观感觉中,远离外部客观世界。艺术家往往是这种类型。

和所有内向型一样,内向感觉型也不善于表达,这会给人一种冷静的感觉,但实际上,他们很容易受控于发生的事物,是一种非理性类型,而且这种非理性很难被发现,他们的情绪冷静而且消极,由于他们与客体没什么联系,他们很容易表达出非理性,同时抑制自己的理性。在这种情况下,客体变得无关紧要,对客体的情感被贬低；由于主观代替了客观，也可能导致主体虚幻实在，甚至可能导致他们不能区别主客观。

为了限制客体的影响，使其为自己的感觉服务，当客体影响到主体时，主体会把客体纳入自己无意识的模式中，从而表现出一种主观性，这种主观性具有幻觉性，是反真实的；当客体还没完全影响到主体时，主体也会按照自己的标准对客体进行改造：降低高的，提高低的；热的会被降温等。

内向感觉型的人容易让自己顺从于主观感受，他们在主体和客体之间建立的联系，往往远离客观现实，只具有原始的真实性。在这种情况下，内向感觉型的人发现了一个所有事物都有半神半魔性质的神话世界，虽然他们对此并没有什么意识。

对于别人的虐待，这类人有时候是顺从的，但是在某些不适合的场景下，他们又会固执地选择报复、抵抗。在意识的层面上，他们仅仅用艺术的方式来表达自己，如果不能成功，他们就会用无意识的方式来把握这种体验，因此，某些古代原始特征的表达往往会在他们身上体现出来。

内向感觉型的人，往往用艺术的方式表达他们丰富的内心，在他们的眼里，外部世界显得枯燥乏味。而他们在外人的眼里，是个沉静、随和、克己的人。但他们实际上并不是特别有趣，因为在情感和思想上，他们十分贫乏。

把自己变成神秘人物

在内向型性格中，直觉直接指向潜意识——内在客体，在直觉中，内在客体显现为事物的主观意象，它们构成了潜意识的内容。内在客体的现象形式，与我们直觉的一致是相对的，因为我们很难通过直觉完全掌握潜意识的本质。

在外向直觉类型中，直觉的主观因素得到了最大程度的抑制。与此不同，在内向型直觉类型中，直觉的主观因素得到了最大的发挥。那些引起神经刺激的意象是直觉进行知觉的目标。比如，一个人突发心因性的眩晕，直觉能迅速地知觉到导致眩晕发作的内在意象——一个心被利剑刺穿、快要跌倒的人。它会去探索这一意象变化过程的每一个细节，了解意识背后的全部过程，在这个过程当中，直觉变得越来越清晰、越来越鲜明。对直觉来说，潜意识意象就是它要认识的"事物"。即使是外在客体刺激了直觉,但是直觉并不关心潜意识意象对外在客体的作用,因此,由直觉所知觉到的意象似乎与人这个主体毫不相关,这就致使当内向型直觉者眩晕发作时,他们不会想到他们在以那个意象指示他们自己。这样的事情确实会在内向直觉型的人那里存在,虽然偏爱理性的人觉得不可思议。

内向型直觉者对内在客体的态度十分冷漠。内向型直觉者不会在内在客体和自己之间建立联系,它总是在潜意识中寻求各种可能性,在不同的意象之间穿梭。内在的意象世界对直觉者而言,是一个审美和"感觉"的问题,不牵涉道德。对此,外向类型的人会这么评价,他们只能沉溺在幻觉之中,因为现实中没有他们存在的位置。确实,从直接的功能来看,内向的直觉没什么意义。但是对整个心理经验来说,这种功能又必不可少,因为他们发掘了生命中新的潜能,呈现了更多看待世界的可能性的方式。以色列的先知们就属于这种类型。

内向直觉所把握的那些意象是潜意识原型。这些原型是历代先人普遍经验的沉淀,可以说,从远古时期开始,人类的所有经验在这里都得到了呈现,但是人们无法用经验掌握这些内在的性质。关于原型,康德是这样说的,原型在潜意识中存在，是被直觉所知觉并在知觉中创造的意象的本体。由于潜意识不但包括原型，而且随着客观世界的变化，潜意识也在不断地经历转化，因此，通过潜意识的知觉，内向型直觉可能会提供一些别的功能无法提供的重要内容，由于它和原型之间存在密切关系，它甚至能够对未来可能性有清晰的预见。

当内向直觉特殊性质在个体心灵中处于优势，就会产生狂人和艺术家这种特殊类型的人。他们往往带有梦幻神秘色彩，并可以预言。内向直觉者往往会把自己变成一个非常神秘的人物，因为直觉往往导致他与真实极度隔离。这类艺术家的艺术内容呈现出意义和无聊结合、狂妄与崇高并存的样子。如果他们不能用艺术表现出这一切，他们就是狂人——走错路的"伟人"。

当直觉不再满足于纯粹的知觉及知觉的审美方面，他可能会面临这样的问题：这个浮现出来的意象是什么，对我和世界有什么意义呢？这时候出现的就是道德问题，也就是说，判断功能轻微的分化就可能使内向直觉型出现道德形式的变体，这一类型虽然带有内向直觉型典型的特征，但是从根本上它与其审美形式存在区别。对于内向直觉审美类型的人来说，道德问题阻止他们考虑那些难以捉摸、荒唐、不理智的幻想，唯一需要知道的问题是知觉从何而来；具有道德定向的直觉者则大不相同。他们很少考虑灵视的审美意义，而是会较多地反省他们灵视的实际意义——道德效应；他们的判断力虽然非常轻微，但是却能使他们认识到，他们的内在意象与他们自己这个整体的人之间存在联系，他们的灵视渴望参与到他们的生命中去。也许他们自己和他们的生命可以适应内在事件，但因为灵视是他们唯一可依靠的东西，因此他们不能适应目前客观现实的象征，他们的语言显得很主观化，他们的道德努力很片面，他们的辩论就像"旷野中的呼喊"，并不能让人信服。

在意识的层面，内向直觉者会压抑对客体的感觉，这就导致在内向直觉者的潜意识里面，存在着外向感觉功能，这种功能是一种对被压抑感觉的补偿，带有原初的特征。因此，内向直觉型的潜意识人格可以被认为是外向感觉型，但这种外向感觉型对感觉印象特别依赖、本能不受节制。因此，这种外向感觉型只能是很低级和原初的，这种潜意识避免了意识态度的过分升华，但是如果直觉被过分夸大，随之而来的补偿也会加大，在这种情况下，潜意识就从补偿变成了对立。从而会使这种类型的人出现忧郁症、神经过敏等强迫性心理症状。

在私人关系中，他很沉默

主观因素决定着内向型思维。这种因素多少会是一种完整的意象，它表现为一种方向感，决定着思维的判断。在决定的时刻，这种思维总是一头扎进主观内容，由主观因素确定，虽然它也包含抽象因素，可能穿过客观实在的现实领域，但它的目的和根源绝不是它一直标榜的外界事实，而是从主体开始，又以主体结束。因此，它关心新的观点，通过展示自己的洞察力创造新的理论。对它来说，事实只能为它所用，而绝不能占据支配的地位，它常常搜集事实为自己的理论寻找例子和支持。就它对新事实的意义来说，它只拥有间接的价值。因此，它的目标是建立观念的架构，并把外在的事实填充进去，从而使模糊的意象逐渐明晰达到真实。这一思维的积极意义在于它能创造出观念来，如果外在事实能够不可避免地显示出这种观念，那就证明它完成了自己的使命，是最适合这些事实的思维表现形式。

但是，内向思维存在着一个难题，原始意象很难变成充分适应客观事实的观念，这时候，内向思维不可能舍弃那些带有神话特征的古代意象，它可能倾向于自由地展开自己的幻想，不再理睬这些事实，或者强迫事实变成它意想到的样子，这个时候的观念具有很强的内在说服力，常被我们认为具有"独创性"。而且与外在事实接触得越少，这种观念的说服力就越强。但对于时代来说，它又必须是已被或者可被认识的时代知识。不然，它将变成"为了理论而理论"，从而陷入对现实只有轻微观照的想象王国，直至产生出不再表达任何外在现实的意象，这就证明了内向型思维在极端的情况下，它自身就变成一种主观存在。

这时候，内向型思维满足于自己是唯一的存在。思维功能越是驱使意识把本体限制在小而空洞的范围，古代被称作魔幻的形象就会越充斥着潜意识的领域。在这种情况下，生命的进一步发展进入了潜意识中其他心理功能区域，如果这种心理功能是情感，那么无论在体内还是体外，感官都会发现自己从未经历过的可能性；如果这种功能是情感，那么就会形成难以理解并伴随矛盾的情感判断；通过对这些变化的深入研究，原初心理和它的典型特征很容易被揭示出来。这样，大量的潜意识事实就补偿了内向型思维与客观事实的贫乏联系。由于在潜意识中，所有古老的东西都预示着未来的可能性，因此，它们越是古老和原初，越代表着真理。

通常，由于意识的抑制，个人很难认识潜意识的现实，更别说去服从它的力量了，因此，这可能会导致心理衰弱症——内在衰弱和脑部衰竭。

康德可以说是一个内向思维型的范例，他总是把自己限制在知识批判的范围内，把一切都诉诸主观因素。

内向思维型的人总是受到主观观念的决定性影响，他对客体存在着否定性的关系，这种否定关系表现在他不但缺乏与客体（不管是人还是物）的紧密联系，甚至还对客体充满了冷漠和厌恶，如果客体是一个人，在他面前，可能就会感觉到自己是个多余的角色。由于他与自身的联系大于和客体的联系，他的理性判断武断、无情、固执。在他的判断里，我们感觉不到客体的较高价值。在他的身上，可能常常会存在为了讨好别人而呈现出的礼貌、和蔼和友善的特质。因此，描述普遍的内向型十分困难。

在他那里，更糟糕的情况是，客观不仅仅受到某种忽视，而是被许多不必要的东西限制。因此，他总是被误解，当他越是想借助潜意识的帮助，越可能加深这种误解。在建构自己的观念理论上面，他不会受任何人的左右。问题在于，在他的眼中，自己的理论在主观上显

得正确，那么在实践中也必然如此，但当把自己的观念应用到现实世界却没有达到效果时，他就变得无比的焦虑，因此，在现实方面，他通常显得无能为力。但是，他不会为了赢得别人的赞赏而放弃自己的方式，如果他是个大人物，很有影响，他则越发如此。当他固执己见的时候，往往会事与愿违。

在自己的专业领域内，他与同僚间的交往也不顺畅，他根本不知道怎么取悦别人，只是将傲视或者漠视群雄当作自己最大的成功。只要在观念的追求中不受干扰，他就能在现实中忍辱负重，接受别人粗鲁的对待和压迫。对他而言，跟别人或者外在事物的关系微不足道，他不知道自己的思维在什么地方，以什么方式与外部世界联系，因此他自认十分清晰的思维构架，别人却很难理解。因为他自己过于犹疑谨慎，所以他的工作进展通常很缓慢，他的思维表达也总是保留了过多的条件限制和疑问。

在私人关系中，他很沉默，而且往往会结交一些不理解他的人，由此，他觉得人类果然像他想的那样愚蠢。如果谁偶尔理解他，他就会变得自视甚高，如果女人想征服他，只需要帮他处理现实事物。或者他会成为这样的单身汉：天真但又愤世嫉俗，他害怕成为焦点，对于自己专业领域那些尖刻而无结果的辩论，他往往不知道怎么参与，但是如果被自己的本能驱动，偶尔他也会与别人争得面红耳赤。跟他交往少的人都认为他自私而且专横，但是他最要好的朋友会认为他值得珍惜。他与社会总是针锋相对，这显得他性情乖戾、难以接近。如果他是一名教师，他很难受学生欢迎，因为他与学生存在心理隔阂，思维总是拘泥于教材，却对呈现教材式的教学缺乏兴趣。

这种类型性格的增强，会使他排除掉外界影响，他越来越依赖与他密切相关的东西，而对别的人或物，他的语气和态度会越来越不客气。他恶毒地攻击任何批评意见，把自己和客观真理混为一谈。他不可避免地陷入了孤立的境地。那些被他排除掉的外界影响，并没有就此消失，它们在潜意识方面又向他发起了攻击。对此，他通过与外界隔离（他认为这样就可以免受潜意识的侵害）进行激烈反抗，但这隔离不但不会使他免受侵害，还会招致潜意识更猛烈的攻击。

内向型思维对潜意识原型的发展起着积极的作用。但是，如果他的思维脱离了时代，就会显示出神话的色彩，变得自行其是，对同时代的人不再有什么价值。这是因为，在这种类型人的潜意识中，劣势功能情感、直觉和感觉都具有原初的外向特征，它们与优势功能思维相抗衡。此外，它还是这个类型的人遇到的所有困扰的客观原因，如种种防御的手段、恐惧异性等等。

让人难以捉摸的内心

主观因素决定了内向型情感类型。由于主观条件限制着它，客体对于它来说无关紧要，因此它很少在表面显示（被觉察到时，才能很快显示），理智的形式很难表现或者描述它，因此，它常常被误解。这种情感否定客体，即使偶尔肯定客体，也是为了使自己能够凌驾于它之上。在潜意识中，它的目标就是把潜在的幻想意象变成现实，为此，他对无关的客体视而未见。这种情感极力避开客体的影响，努力深入到主体的深处，往往不能被人清晰地理解。

原始意象既是观念，又具有情感价值，因此诸如上帝、自由、不朽等原始观念（意象）都具有情感价值。但是要想用情感清楚地表达这些原始意象，必须借助于"能表达主观情感又能引起别人同情"的外在形式。由于人类内在存在着一致性，因此我们能用情感来表达。但如果情感以自我为中心，就可能导致情感的表达变成一种空洞的激情，唤起一种病态的自我欣赏。如果情感到了这种极端的地步，它就会受到潜意识中带有具体性原始思维的反抗。

内向情感类型者大多是女性，她们的主观情感往往隐藏了真实的动机，让人难以捉摸。在内心的深处，这种类型的人具有忧郁的气质；从表面来看，她们往往很文静，不温不火，与人能和谐地相处。她们常常有着温和批判的中立立场，但是如果客体对她们施加过于强烈的影响，就会导致她们不屑一顾和冷漠，而且不会顾及别人的感受。她们会控制自己的激情和放纵，而很少流露出情感，从而使自己与对象的关系尽量稳健平静。意识到这点的对象，往往会觉得被看轻了。

虽然她们表现得十分冷漠含蓄，但是这类女性绝不是没有感情，她们的感情朝着深层发展，甚至会达到类似激情的强度，然而这种感情无法用外在的方式表达。有时候，这种激情甚至可以导致类似英雄性格的举动。但是，不管是她们本人还是别的人，都无法把她们的这种行为与内在的情感联系起来。因为意识无法相信内在情感的力量，它本性外向，更容易相信那些明显可见的表现。

这种误解在生活中很常见，她们往往会神化这种情感，这表现在隐秘性宗教感情和一些神秘诗里面。在这里面，我们往往会发现她们优越于他人的野心。除了神化这种情感，她们还会借用其他的方式来表达这种情感，比如，潜移默化地把自己的激情灌输给孩子。

在与人的交往中，尽管这种类型的人很少进行真正的尝试，但是她们用令人窒息的情感，仍旧可能使周围的人为之着迷，对于外向型男人来说，她们的诱惑显得更为惊人，因为她们神秘的情感契合他们自身的潜意识。这种神秘的力量来自潜意识，这种类型的人往往会把它赋予自我，于是，它就会转化成个人暴虐和野心。因此，潜意识主体（内向情感）与自我的融合，可能产生有野心、人性残酷的那类妇女，也可能导致心理病症。

潜意识思维具有还原倾向，只要内在情感还能感觉到比自我更高的东西，潜意识仍能有助于补偿把自我提升为主体的偶然冲动，因此这一类型就会处于正常的状态。但是，如果潜意识思维被完全压抑，她就会站在对立面上突显被意识贬低的客体。这时候，意识就会开始觉察到"别人的思考"（他们都在制订罪恶的计划准备对付自己）。她们会认为，自己必须制订防御计划。她们与"别人"的暗中较劲必然导致她们出现神经衰弱的症状，而且可能会伴随着贫血等身体上的并发症。

个性化与人格培养

个性化与人格培养

彼岸生活的观念

要描述人生不同发展阶段的心理问题实属不易。在这里,我将试图做个尝试。我描述的精力将放在那些困难而有疑问的问题上面。在头脑中,对许多东西,我们都要画上问号,因为这些问题的答案往往不止一个,而且它们还易遭到质疑。为了描述这个问题,我们有时候还要沉陷在推测当中,或者无条件地接受某些东西,这实在是件糟糕的事情。另外,我还要说,这个描述将会比较粗略。

如果表面的事件构成了心理生活,那么就可以用经验来解决一切心理问题了。在原始的水平上,我们通常也是这样做的。现在文明人的心理过程是由思考、怀疑和实验组成的，这在原始人看来不可思议，因为他们的头脑主要是依赖无意识和直觉。随着文明程度的增加，我们的意识也在逐渐进步，意识的进步过程也是逐渐背离本能的过程。意识是对文明的寻求或者否定，而本能寻求的是自然的存在。在自然本能的状态下生存，我们不会有任何的问题，一旦我们开始怀疑，并因此提问的时候，我们就脱离了本能的指导，进入了意识的领域，而问题总是会带来不确定或者是几种解决方法的并存，这时候，意识就要能够做出肯定的决定。

这样，我们就处于一个无助的境地，我们要告别无意识和对自然的信任，被迫地向我们自身求助，这可能会拓宽我们的意识，但是我们每个人都想追求简单、平稳的生活，而不愿意怀疑、实验。但是否认问题并不能解决问题或者使问题消失，为了我们需要的确定性，我们必须求助于更广泛、更高度的意识。

在解决这个问题的时候，我们可能会尝试一些导向潜意识的方法，而人的心理领域十分复杂，是各种因素的综合体，在对它进行研究的时候，可能会涉及很多学科的研究领域。

个性化与人格培养

"意识是怎么产生的",是很多世纪以来都没有解决的难题。我们无法确知意识是怎么产生的,只能通过观察来说明什么是意识。当一个人能够识别人或者物的时候,我们就认为他有了自己的意识。

如果人能够识别人或者物,就意味着在心理内容里面,存在至少两个或者两个以上的联系。也就是说在孩子的意识里,只有联系前因后果并建立新的知觉,孩子才能真正地识别人或者物,在这里面,一系列新的东西也构成了自我。在最初的阶段,自我只是孩子意识中的一个客体,因此孩子总是会用第三人称称呼自己。这个时候,孩子对于那些没有联系的内容没有什么意识,因此,在生命的最初几年,孩子的意识都是不连续的,非常零散。随着年龄的增大和意识内容的增多,主观的感受越来越强烈,孩子开始用第一人称称呼自己,他们的记忆也会变得连续。

这个阶段的孩子仍旧完全依赖父母,冲动控制着他们个人的心理生活,当外在限制干扰了主观的冲动时,孩子会使自己服从或者逃避开外在的限制。但是进入青春期之后,孩子可能会开始性生活,心理随着生活的变化也发生了变化,对自我的强调达到了极致。如果外在的限制变成了内部的障碍，也就是说，外在的限制被内化到孩子的心理，成为与自我情结相似的第二个情结，也就是第二个自我，在有些情况下，第二个自我还会支配第一个自我，使孩子变得同自我疏远，从而产生问题。

我们可以因此把意识的发展划分成三个阶段。第一个阶段，无秩序的阶段；第二个阶段，发展自我情结的阶段；第三个阶段，认识自己分裂状态的二元阶段。

在正常情况下，孩子自身没有真正的问题。只有一个人大得可以对自己产生怀疑的时候，问题才会出现。如果个人能够适应环境的需要，就会顺利转变，不然，则容易出问题。除了在个人与客观环境适应不当的情况下容易引发问题，儿童本身的心理困扰也可能是出现问题的原因，如性冲动或者是自卑感打乱了心理的平衡。

青年期的问题多种多样，但是导致问题的共同因素在于，我们无意识地排斥任何陌生的东西，如果说我们还有所意识的话，那也不过是对自我的意识。与二元阶段的意识相比，这个阶段的意识要狭小很多，因为在二元阶段中，个人会承认和接受陌生的事物，并把它作为"我的同体"——当作生命的部分，虽然有时候这种接受和承认是被迫的。

拓展生活视野是二元阶段的根本特征。当孩子刚出生的时候，这种扩展就开始了。但是对于这种扩展，人们一直是持抵制态度的。要想找到出路，建立更高层的意识，必须粉碎二元阶段中这种对立。如果能够成功做到这点，孩子就能形成完善的人格，但是这点非常难，因为不管是人的意识还是社会，都不太在意人格的价值，对于意识和社会来说，人们更看重成就。因此，为了找到自己的社会存在，人往往必须突出自己的某些才能，追求成就、有用性等，这些对于获得更广泛的意识——我们称之为"文化"的东西帮助不大，但是对于青年阶段来说，这也是个正常的必经阶段。

对于青年来说，为了更好地适应社会，在社会上站稳脚跟，多少改变点自己的天性十分必要，这也算得上一大成就。因此，人们越到中年，自己的个人观点和社会地位就变得越稳固，这样看来，我们似乎找到了解决问题的办法。但是我们往往会忽视，为了获得社会赞赏的成就感，我们付出了人格萎缩的代价。其实重点在于，为了防止我们变得僵化、愚蠢，我们必须不停地努力解决问题，因为人生的严肃问题不可能完全解决。

根据统计数字，我们可以看出，在35岁和40岁之间，人的心理会出现显著的变化。这里有个教会执事的例子，他一直都很虔诚，在他40岁的时候，他的脾气变得越来越坏，在宗教和道德上也越来越不宽容。在他45岁的时候，一天晚上，他忽然告诉妻子，他自己就是个流氓，然后他就过起了放纵、挥霍的生活。

中年时期的神经症患者拼命地回顾自己年轻的时候，他逐渐会无法忍受前景，好像往前走，他面临的就是牺牲和损失，或者是现在的生活很美好，他不想使其成为过去。

经验告诉我们，这个结果也许是由于心理产生了深刻而特殊的变化而导致的。人生的路途就像太阳的运转，所以我们说人生的春天、秋天或者是人生的早晨、正午。这是生理上的普遍现象。在人们身上，我们可以观察到，年龄大的妇女开始出现一些男性的特征，比如声音变得粗哑；而年老的男性则显出更多的女性特征，比如表情不再僵化，而是变得柔和。

也许，我们可以这样认为，对于男性来说，他在生命的前半部分过多使用了男性特质，在进入中年之后，他必须更多使用自己的女性特质了；而女性情况正好相反。比如，在美国的商业社会里，我们可以看到，很多女性在中年之后往往会表现出男性的勇气，从而促使自己更多地承担社会责任，并使自己在社会上获得一席之地。

男性柔弱感情的出现以及女性变得异常敏锐可能会导致他们的婚姻出现很多问题，而且对于这种转变，大部分的人都没有准备，这往往会使问题显得更严重。

走向衰老的人应该明白，这个阶段的责任就是更多地关注自我。在年轻的时候，我们的责任在于发展自我、照顾孩子、在社会上占有一席之地；而到了中年之后，我们就必须更多地关注自我，为生命的后半部分做好准备，在这个层面上，宗教有非常重要的意义。

但是并不是所有的人都能明白这点，对于很多走向老年的人来说，他们还有种种没有得到满足的要求，这可能会迫使他们与年轻人竞争，或者迫使他们向后回顾。我们观察到，在原始的部落里面，老人是智慧的象征，他们守护着传承部落文化的秘密和律法；而在现代社会，频频回顾过去丝毫体现不了智慧。

而且对于这些走向老年，尤其是受过教育的人来说，彼岸生活已经变得不可相信，而死亡也不再能被当作唯一的终点，所以信仰就变得异常艰难，而信仰的缺失会

荣格：岸，是永不消失的希望

导致老人不愿告别生活，这就会使老人显得如此的病态和虚弱。这与年轻人不愿面对生活一样。但是宗教的信仰是如此必要，只有我们仅仅把它当作生活过程的一部分，我们才能更好地确立我们后半生的目标。所以从心理治疗的角度来讲，信仰生命的延续性十分必要，尽管我们的思想不被理解，但是对于生命意义的想法，我们是正确的。

要想理解我们的思想，我们必须充分估量原始意象的重要性。因为，在我们思想的更深层次上面，原始意象是我们心理的基础，彼岸生活的观念就包含在这些原始意象里面，我们要想运用智慧过好自己的人生，就必须与这些原始意象的象征和谐共处，并听从它的指导，这种思考方式既不属于信仰层面，又绝非知识范畴。也许我们还不能完全地了解它，但它真实存在，与有史可查的人类相比，它的历史更古老。

而对那些极端衰老的人来说，他们也不再担心自己意识状态的问题，所以在这里，我们只讨论青年人和中年人的意识问题，而没有考虑童年和老年人的意识问题。

个性化与人格培养

建立良好的人际关系

要完成人格的整合，必须要让无意识内容的"投射"发生，要想让无意识内容的"投射"成为可能，必须要有正常的人际关系。一个人童年时期的交往经验决定了他成年时的人际关系。对于一个人来说，最初的人际关系就是他和养育者之间的关系。养育者对待他的态度，不管是对他的物质满足、精神抚慰，还是一些痛苦和不快的回忆，都会留在他的心灵世界里。因此，儿童时期生活里存在的种种问题，在他成年之后，可能还会被投射出来，体现在他的日常生活和与人交际的过程中。他会像母亲似的照顾别人，也会像父亲似的给别人施压。

父母带来的影响，不管是积极的，还是消极的，都会在他的无意识深处永久地影响着他，这点跟性别无关。父母中哪一方的影响更强势，在个性上，儿童就会更倾向于强势的那方。

随着年龄的增长，儿童就会凭借直觉、兴趣来寻找自己的伙伴，如果他正好也吸引自己的伙伴，这就形成了"积极的心理投射"。这是良好人际交往的基础。反之，人际交往将会变得枯燥，并最终分道扬镳。由于个体心理发展得不完善，他需要别人的支持，从而使自己不再处于弱者的地位。因此，"积极的心理投射"根源于集体无意识中的"英雄原型"。基于此，各国人民都有自己民族的英雄形象。

人际关系并不是一成不变，根据经验的变化，个人对他人的意象也会发生变化。在人际交往的过程中，个体可能会在他人的身上发现越来越多吸引自己的地方，这就会促进双方关系的发展，异性之间甚至会发展出爱情；如果在逐步交往的过程中，他人的身上逐渐显露出一些让个体厌恶的特质，就可能导致人际危机甚至是关系破裂。

另外，对于人际关系的发展来讲，相互的喜恶并不是唯一的因素。有时候，人们会意识到人人都有缺点，只要在某些方面能达到平衡，也能加强彼此的关系，也就是说，个体与他人的关系只是部分投射。如果人们能意识到这点，他们为了解决对立和冲突，就可能会产生"退行"机制，从而很容易地建立彼此间的情感联系。比如，两个人的性格很不一样，做事的时候，却能在一起合作。

友谊是良好人际关系的重要表现方式。对外向型人来说，友谊很重要，他们喜欢社交，可以很容易和别人产生友谊；对内向型人来说，友谊的获得就没那么容易，因为他们很少与人主动交往，他们往往更关注自我，即自己内在的精神世界。

这里面还有一个有趣的现象，某一种类型倾向于更喜欢与自己类型相似的人，也更容易与他们建立友谊。

个体要消除对别人的依赖，实现独立的人格，建立良好的人际关系十分必要。

个性化与人格培养

人间最大的幸福

歌德一首诗中的两句结尾经常被人们引用:"人格的欢乐,是人间最大的幸福。"这个时代,教育的最终理想就是人格的培养。大家都已经认识到了儿童时期对人格培养的重要性,但是学校或者家庭不当教育的危害依然很严重,因此,他们仍然迫切需要合理的教育方法。

人们一直认为,儿童的人格必须得到教育,我赞同这一想法,但是到底由谁来承担教育的任务,无疑是个难题。作为首先又是最重要的训练者,父母他们虽然尽了自己最大的努力来抚养孩子,但可以说,他们一生都在追求成熟的过程当中,很难期望他们拥有"人格"。

荣格：岸，是永不消失的希望

如果我们把希望寄托在教师或者专业工作者的身上，我们马上会发现另一个问题，他们虽然满脑子装着儿童心理学和教育学的内容，但是不可否认的是，他们受的教育与他们想教给儿童的一样，都是充满缺陷的，很难肯定地说他们拥有"人格"或者可以对儿童进行"人格教育"。但是他们认为自己已经接受了完全的教育，对自己的工作充满了信心。这个信心是如此的必要，可以说，这是我们在现有条件下可以得到的最好满足，就像对于那些尽力抚养孩子的父母，我们也不得不满足一样。

实际上，我个人认为，当今教育学和心理学对儿童的热情源于他们想塑造一个理想的"成人"模式——一个精神整体，在各方面都充满能量并具有抵抗能力。因为每个成人身上都潜伏着儿童因素，这个因素代表着人格中要求发展的部分，它在不断地形成过程中，需要不断地完善和发展。也许，他们意识到了自己人格中的缺陷，于是就转而研究儿童心理，对儿童教育充满了热情，因为他们相信可以在下一代身上避免他们成长阶段中的差错。但重点在于，孩子们辨别真假的能力超过我们的想象，如果这些错误我们还在犯，下一代也很难避免。

因此热情往往于事无补，我们只有先改变自己身上的差错，才能减少或者避免孩子身上存在的差错。我们可能才是那个最需要被教育的人。

一切人格都有这三个特性：确定性、整体性和成熟性。但是在儿童的身上，我们不能指望它会出现，如果急于求成，只会使儿童早熟、失去纯真，比如有的父母为了使孩子实现自己没有完成的梦想，极力向孩子灌输诸如"这种梦想是最好的"的观念，从而导致孩子成为教育意义上的畸形儿。人格就像一粒不可预见未来的种子，对它的培养是个漫长的过程，它是人的内在特性得到的最高实现。对人格的培养既艰难又危险，作为对生命的完全实现，人格仅仅是征途上的路标，一个理想，并不能得到完全的实现。

虽然人格的培养是件危险、艰难的事情，但是人格的发展又是个内在必然性展开的过程，家庭、社会和职业都不能改变他们的这种命运。从无意识和无差异的群体中分离出来是人格发展的第一个后果，这可能意味着孤独、恐惧，但这又是忠实于自我存在规律的发展过程。

家庭教育

在儿童意识的成熟和发展当中，父母起着重要的作用。因此，很多儿童的心理问题，都与其父母密切相关。在生命的最初几年，儿童还没有完全独立，因此，父母的心理问题、生活方式及为子女营造的家庭气氛等，都会直接而深刻地影响儿童的心理发展。

一般来说，不管是父亲还是母亲，都影响着儿童人格特征的形成。为了帮助孩子养成健全的人格，父母必须注意以下几点：第一，对待孩子的态度要有一个良好的度，既不溺爱，又不过于疏离；第二，父母不要为了补偿自己的心理缺憾，强迫孩子致力于他们不感兴趣的精神内容。

学校教育

在儿童上学之后，儿童人格的发展会受到来自教师和教育环境的影响。要想使孩子的人格得到健全的发展，学校教育要做好以下几方面的工作：第一，老师必须首先认清自己的个性，如果老师自己的心理不健康，就可能会影响到学生；第二，教师要明白，自己的言行会影响到学生，所以作为教育工作者要特别注意自己的言行；第三，教师要与学生保持良好的师生关系，并不断地反思和完善自己的人格，因为学校教育的目的与其说是给孩子传授最新的知识，不如说是使他们成为真正的男人和女人；第四，为了促进儿童人格的发展和成熟，学校最好开设心理卫生的课程。

无意识教育

无意识教育一般可分为三种：榜样教育、集体教育、个体教育。下面我们将分别展开论述。

1. 榜样教育

榜样教育奠基于最古老的心理特征，完全运用无意识来进行，是最早的教育形式。在别的教育方式都失效的时候，可以尝试运用它进行教育，因此，它还是最有效的形式。例如，在精神错乱中，别的教育方式都不管用，为了避免病人的病情加重，就可以运用榜样教育的形式，使他与一组人一起工作，在别人的影响下，最终能够独立地工作。

2. 集体教育

一般而言，集体教育是一种根据规则、原则和方法来展开的教育。通过无意识的心理感染，集体会给个体施加一种强制性的影响，从而在规则、原则和方法的指引下塑造个体。对于一般个性的人来说，集体的教育如果没有使他垮掉，就肯定会对他施加决定性的影响。集体的教育十分必要，它有很多优点，毕竟个体的特性并不都是优点，有很多被宠坏的儿童或者道德败坏的儿童，如果能够得到成功的集体教育，就可以减少或者避免自己不良的个性带来的坏影响。集体教育缺失的地方在于，如果超出某种一致的水平，必须牺牲个体的独特性来维护集体的准则，集体教育就会产生这样一类人：在他们受过教育的领域，他们表现得游刃有余，在一些突发需要个人做出判断的情况下，他们往往会变得惊恐不安。因此，集体教育并不是必须遵循的最高准则，个体教育对一些儿童是非常必要的，这是我们下面要讲的内容。

3. 个体教育

与集体教育追求一致性正好相反，个体教育的目的是培养学生的特殊个性。一切对集体教育呈抵制状态的儿童，我们都可以对其进行个体教育。这些儿童往往由两种不同的类型组成，一种是没办法接受教育的残障儿童，一种是显示出独特才能的儿童，这些儿童在其他方面有较高的才能，但是唯独对于某些科目缺乏能力，比如数学这一科目对不具备数学才能的孩子而言就是痛苦的来源，没有任何意义。

总之，对于正在要求独立自主的学生来说，学校的教学原则也许是无用甚至是有害的。有很多孩子的家庭环境特殊，受家庭的影响，他们往往会觉得集体生活不适合自己，这导致这些儿童在集体教育环境下出现心理失调症状。

但是，要找出特别适合个体儿童特殊心理状态的办法，我们只了解儿童的家庭生活还不够，还应该通过他本人及其父母的叙述了解外界因素对他们精神世界的影响。

众所周知，儿童的意识状态是从其无意识状态发展而来的，因此，周围环境中对儿童心理影响最长久和最基本的因素都是无意识的，要想改变这些影响，我们就必须使这些东西显露于意识。如果对儿童与其家庭的调查会让我们意识到这些影响，事情就变得简单多了。但是在材料不充分的情况下，我们必须使无意识得以显现，这是个非常专业和危险的工作，因此，我们认为，如果要进行这项工作，必须要在一个专业的精神分析师的指导下进行。

要想使无意识内容显露于意识，有很多种方法。通过对很多疑难病例的诊治，我们发现病人的梦是信息的来源，甚至还可以充当治疗的手段，对于精神病学家来说，它的价值不可估量。因此，最实用的方法就是分析和解释梦，但是这个方法也是最难的。

为了避免任何的偏见，从而有利于对梦做出合理的分析，我们必须做好以下几方面的准备工作：第一，收集一切可能的材料，这些材料必须是关于梦者提供的有关梦的意象；第二，依赖特定理论假设的引述常导致解释带有主观倾向，因此，我们必须排除；第三，了解做梦者的性格和生活环境；第四，询问做梦前一天的事情，顺便了解其做梦前几天的心理状况；第五，将梦看作是毫无意义的。但是，问题在于，即使我们准备得再充分，在分析的过程中，我们还是会出现一些问题，比如暴露出一些让人很不愉快的内容、结果模糊不清或者晦涩难懂等。但是在对梦的分析中，我们无法避免这些问题的出现和存在。

个性化与人格培养

成功的象征物

在一些内向的年轻人的潜意识里面,我们可能会发现一些意想不到的内容,如果我们能在意识中呈现这些内容,那么就可以给这些急需成长、成熟的年轻人以强大的心灵力量,从而变得坚强使自我得到完善,进而完成个性化的过程。

为了分析如何帮助完成个性化的过程,我将以大约25岁的年轻工程师亨利为例。亨利在瑞士东部一个农庄出生、成长,有一个和他关系很好的姐姐。他的父亲是个富有道德的医师,但因极度保守难以与人相处。他信奉新教,对家里的事情很少过问。他的母亲是个冲动的、充满浪漫色彩的天主教徒,思想开明,所以亨利和姐姐在新教教义的熏陶下长大。他的母亲为家庭付出了很多,是"一家之主"。

亨利长得很高、头发稀少、有黑眼圈,他有一双蓝色的眼睛和高高的额头,长得还算好看。他性格内向,很容易害羞。他过来找我,是因为他觉得在自己的心灵里,内在刺激在发生作用,而并不是因为神经衰弱。经过对他多次的分析,我发现,在这刺激后面,隐藏着对生活束缚的害怕和强烈的"母亲情结"。不过,这都是后话了。亨利刚毕业,在一家大工厂找到了工作。和许多年轻人一样,他面临的是个普遍问题:要不继续做个孤独而不切实际的青年,要不就是成为一个有责任心的成熟青年,对于这点,他自己也深有体会,这可以从他给我写的一封信里看出来:"我生命中这阶段特别重要和意味深长。我必须决定要在一个保护良好的心理防护体系中保留自己的潜意识,或是提起勇气,冒险地走上一条我寄予无限希望但仍旧不明的道路。"

亨利感到自己对团体生活很不习惯,因此他不喜欢社交。他喜欢阅读,并专心学习美学知识,经过对美学的一段学习,他成了一个热切的新教徒(他后来的宗教态度是中立的）。他认为，自己的头脑清晰，在数学和几何方面很有天赋。因此，他选择了专门技术教育。实际上，他有种自己也不想承认的非理性和神秘的倾向。

两年前，他和一个他认为可爱、有教养、乐于进取的天主教女孩子订了婚。对此，他充满了疑虑，他不知道是迟点结婚，还是为了献身学术选择单身，所以没办法做任何决定，他实在是需要变得更成熟。

亨利的身上融合了双亲的两种气质，但来自母亲的束缚更明显。他的自我被意识压制了。从纯理性间找寻立足点可以被认为仅仅是在练习知性，但并没什么效果。他对自己母亲充满敌意，并排斥自己"内在母亲"这一阴性面，这表达了他逃避"母亲束缚"的需要，这是他成长的内在冲动，但在他的潜意识中，"母亲情结"成为这样一种内在能力：它反抗着外在世界，使他摆脱外在世界包括他未婚妻的吸引力，以至于他根本没意识到自己内在的成长冲动。

我对亨利的分析很简短。我们总共见了35次，提到了50个梦，分析工作持续了9个月。当然，对他的分析并没有因为时间的简短而受到什么影响，毕竟成功地完成分析，靠的是个体对内在事实的认知程度和他的潜意识所呈现的内容。

亨利的外在生活单调乏味，他白天忙于工作，晚上就在家里看书或者天马行空地想象，只是偶尔和朋友或者未婚妻外出。我们常常讨论他的梦，虽然我们也会谈论他的日常生活、他的童年和青年，但我们谈论最多的还是他的内在生活，通过他的梦，我们常常会惊讶地发现，他对于精神发展充满着怎样的激情。

在分析中，我们必须小心翼翼，如果过分强调梦要表达的东西，就可能使做梦者焦虑不安，从而影响分析效果，并使他们陷入严重的心灵危机。在这里，我们只能讨论几个对亨利有重要影响的梦，并不是分析亨利做的所有梦。这里所描述的事情，也并不都是由亨利所说——这点有必要澄清。

一开始，亨利回忆起他童年时候的事情，他最早的回忆是在4岁的时候。他说："一天早上，妈妈和我去面包店，我记得老板娘给了我一个蛋卷，它是半月形的，我骄傲地拿在手里，并没有吃，当时店里就我们三个人，我是唯一的男性。"一般人称这种半月形蛋卷为"月齿"。通过对月亮的象征，强调了阴性的支配力量，这个小男孩在这种力量的支配下，感觉到自己很显眼，因此作为"唯一的男性",他感到很骄傲。

他还记得 5 岁的时候,一天,他用积木在家里建了一座四方形,四周围有篱笆的玩具谷仓。这时候,他的姐姐考试完回家,就过去看他的谷仓,他很骄傲地嘲笑姐姐:"你刚开学,怎么就跟放假似的?"姐姐说他:"你整年都在放假。"听了这话,亨利很难过,也顾不上关心谷仓了。在几年后,亨利都还记得这件令自己伤心的事。

最初的梦

我们见面后的第二天,亨利说了这样的一个梦:"我和一群陌生人从史马丹出发,打算爬红角山。走了 1 个小时,他们就要扎营和演戏,我只是个观众,我特别清晰地记得其中的一个年轻女人——演员。她穿着长袍,扮演悲剧角色。那时是白天,其他人喜欢留下,而我想去峡谷那里,于是我把装备留在后头,独自前往。不过,我迷路了,我想回到我出发的地方,但是不知道爬哪个山才能回去,最后,一个老妇人告诉了我正确的方向。

"这个出发点与我们早上开始的出发点不同,老妇人告诉我,只要转向右面的高处,然后沿着山坡,就可以回到原地。我开始在右边沿着木齿铁轮的山中轨道爬行。车辆在我的左手边不断驶过，我害怕被撞到，不断地回头看，我发现，每辆车上，都有一个小人，他们穿着蓝大衣。听说他们已经死了。当我转向右方时，那里有些人在等着带我去客栈。后来天突然开始下大雨，我很后悔把背囊、机车等装备留在了后头。大家让我明天再去拿，我同意了。"

必须回顾一下亨利自己提供的联想，我们才能明白上述的梦对他的未来发展提供了什么消息。

史马丹村是积纳殊的家乡，他是17世纪著名的自由斗士，瑞士人；"演戏"的场景使他想起了最喜欢的戏剧——歌德的《少年维特之烦恼》；在19世纪瑞士艺术家阿诺·布京所画的《死亡之岛》上，他看过类似那个女人的人物；在分析者前面，他称那老妇人为"聪明的老女人"，但另一方面，他又通过她联想到打杂的女佣——存在于帕斯里的话剧《他们来到城市》中；木齿铁轮轨道象征着童年时他堆砌的谷仓。

通常，无名的旅行象征着个性化的过程。这点在但丁的《神曲》或约翰·班扬的《天路历程》中都有所体现。在但丁的诗中，一个"旅行者"来到一座他要爬的山，寻找出路，但出现了三种奇怪的动物，把他逼下了山谷甚至地狱，最后，他的灵魂升华净化，得以到达天堂。亨利决定接受分析这件事与该梦所描述的"旅行"有显著的共性。我们甚至可以认为，爬山代表着他生命旅程的第一部分，企图从潜意识提升到关于自我的观点，这可能证明了亨利同样迷失了方向，并且在孤独地探索。

为了从法国人手上解放瑞士的维力管区，积纳殊在史马丹发动了战争。把史马丹作为旅行的出发点，可能是因为积纳殊和亨利有些共同的特征：他们都是新教徒，爱的都是信奉天主教的女孩；此外，积纳殊战斗是为了解放，亨利的分析也是为了解放，从母亲情结和恐惧生活中解放。在亨利的梦中，他旅行的目的地是红角山，此山在瑞士西部，虽然他并不知道这个事实。"红"象征着感情和激情，在这里代表亨利的感情问题发展不良，而"角"可以与面包店内的半月形蛋糕联系起来。

在梦中，大家走了1个小时就停下来，这符合亨利处于被动状态的本性。"演戏"是梦的重点。亨利不演只看，因为作为观众，既可以继续神游，也可以把自己融入任何角色中，从而逃避人生。当亨利联想到歌德的小说《少年维特之烦恼》时，他内在的经验得到了发展，

荣格：岸，是永不消失的希望

因为这个小说就是讲述一个年轻人成熟的过程的。梦中那个年轻女人之所以给亨利留下深刻印象，就在于她象征着他潜意识中的阴面，是类似他母亲的意象。那个女人穿着长袍，这就把她和布京的"死亡之岛"连在了一起，在这幅画里，有个不知性别的僧人穿着长袍，驾着小艇驶向荒岛，小艇上装着一个棺材，在亨利的梦中，这是个雌雄双体人，这证明在亨利的心灵中，对立面还没有被明显区别开。

到这时，亨利意识到要走到狭路，众所周知，改变"环境"总是用抵达狭路象征。这对亨利的自我是个考验，当亨利的自我决定积极活动时，心理本质拒绝追随，于是他迷失了方向，回到山谷那里，没有抵达那狭路，他失败了。

亨利羞于承认自己很无助，他迟疑地接受了自己遇到的那位老妇人的意见。在神话和童话中，众所周知，那帮助他的"老妇人"象征着永恒的女性智慧。接受她的意见，就要做出不可避免的牺牲，所以亨利接受的时候有点迟疑。

他联想起来，由老妇人想到了一个打杂的女仆，这个女仆是蒲力斯特里有关新"梦想"或戏剧中的角色。

这个女佣说："在那个城里，他们答应给我一个私有的空间。"如亨利所追求的那样，这个女仆会变得独立。而这个联想表示，亨利决定面对。

要有意识地选择心灵发展的道路，像亨利这样有学术头脑的年轻人，就必须换种态度。为了与团体（现在欠缺的，他心灵中的另一些特质）联络，他开始向另一个不同的地方爬，这正是老妇人的意见。

他一直在右边（意识那边）爬木齿铁轮轨道，有些藏有一个小人的小汽车从左边驶下来，亨利很害怕这些车从后面撞到他，这显示出他对自我后面的东西充满恐惧。

思考的作用通常用蓝色表示，那身穿蓝衣的人代表着亨利心里无生命的内在部分，说不定他们还是那些呆板的智力测试和在缺氧的智力顶峰死去的观念的象征。

对于这些人，该梦评论说，有人说他们死了。这时候，亨利还没有这样认为。这种声音所说的东西无可争论，在梦中听到它很有意义。它是心理集体原理中有根源知识的象征。

亨利洞察到有关"死亡"的定律并因此获得了新的意识。这是该梦的转折点。他因此到了正确的地方，在

荣格：岸，是永不消失的希望
rong ge
an, shi yong bu xiao shi de xi wang

那里，他人格先前不知道的层面被意识到了，他发现等他的人是原来留在他后面的那些人。已经能独自克服危险的自我使他变得更成熟了，这成为他重新加入集体获得食宿的通行证。

然后下了一场雨，在神话中，雨是联结天地的爱，也可以理解为神圣的婚姻。这场雨令大地变得肥沃。

现在对于社会交际，他有了新的需要。不过，他决定明天早上才去取回自己的东西。因为他接受了朋友的劝告。这次劝告是集体的模式，与第一次顺从原型意象——老妇人的劝告相比，亨利成熟了。

这个梦有望使亨利通过分析预知内在发展。它象征着他的灵魂处于紧张的冲突中。他倾向被动思考，但他的意识又被强迫上升。穿着蓝衣的尸体和身着白袍的少妇分别代表着他呆板的智力世界和他罗曼蒂克的感情。要想使两者产生平衡，必须经历最残酷的考验。

害怕这个吸引他的世界

除了这些，在梦中，还暴露出了亨利在其他方面的问题：他害怕这个吸引他的世界；在主动和被动之间游移不定；有禁欲主义的倾向，等等。从根本上，他害怕担负婚姻所带来的责任,因为他的内在成熟与他已经不小的年龄不相匹配。因为害怕实体和内在生活,这种正反相对的感情在某些将要成年的人,尤其是性格内向的人身上,普遍存在。

通过一个他重复做的梦,我们可以很好地说明亨利的心理境况。

"我梦见自己在军中服役,并参加了长途赛跑。我从来没有到过终点,总是独自一人在路上,我不断地问自己,我会是倒数第一名吗?我十分熟悉整个路程,从地上落满干枯树叶的小树林出发,顺着斜坡,可以到达一条美丽的小河,然后是一条通向小村庄汗巴提安的乡间马路,这个村庄靠近苏黎克湖上游。小河两岸都是杨柳,就像布路京的那幅画着女性与水而行的画一样。天渐渐黑了,我迷路了。有人告诉我,要看到那条马路,需要再走7个小时,于是我继续往前跑。

"不过,这次梦到的结果却不一样,穿过两旁都是杨柳的小河后,我走进森林,我发现,左边有个母鹿正准备逃跑,看到它的样子,我十分得意。当我转到右边时,我看到一只半猪、一只半狗、一只腿像袋鼠的三只怪物,他们只有一双垂下的狗耳朵,脸部没有显著特征。我想,

荣格：岸，是永不消失的希望

也许他们是穿着戏装的人，我儿时还扮演过驴子。"

在这里，与亨利的第一个梦一样，一开始就出现了一个梦幻般的女性意象。整个梦笼罩着罗曼蒂克的气氛，布路京的画"秋天的沉思"是梦的背景，这象征着亨利的忧郁，干枯的树叶强调的是他秋天般的心境。这次他和自己的同僚赛跑，跟第一个梦一样，他与一群人在一起。这可以说是普通人命运的象征，但是亨利独自前进，显然并不想去适应它，但是他又有着强烈的自卑感：我可能会是最后一名。

梦中的目的地是汉巴提安，这象征着他想脱离自己的家庭，但实际上并没成功，他失去了方向感，迷路了。梦或多或少会补偿做梦者的精神意识态度。树林是亨利潜意识范围的象征，他的直觉世界被一些女性形象象征化了，因此在那树林里，出现了一只害羞、脆弱的、象征着女人气质的母鹿，但这很快就消失了。稍后出现的三只怪物似乎代表的是他没有意识到的微弱的本能。

在一般人看来，猪往往代表肮脏的性欲，狗代表忠诚和杂交，袋鼠象征着母性和携带。从心理学角度来看，它们大概是原始总体潜意识的象征，个体自我正是通过这些潜意识产生，并逐步发展成熟。

亨利使自己相信，像他在童年时代的化装一样，这些怪物只是穿戏服的人，这证明那些怪物让他感到恐惧。其实这种恐惧很正常，如果发现这些怪物象征着自己潜意识中的某种内容，任何一个人都会感到恐惧。

亨利对潜意识的恐惧，在他下面的梦中也可以看出来："我在一艘船上当侍者，这艘船在风平浪静的海上航行，但奇怪的是，船帆却大张着。握紧系住桅杆的那条绳索也属于我的工作。栏杆在水和帆船的边缘，是一道用石板垒成的墙。我背对着水面，拉紧那条绳索。"从这个梦中，我们可以看出亨利又好奇又恐惧。因为那石板墙既阻碍着他的视线又起保护他的作用。

很多人都像亨利那样，害怕与自己的内在奥秘沟通。在特定的时期，亨利的内在奥秘让他着迷，在另外的时期，又让他恐惧。这导致他接近爱侣的时候，不敢带着动物似的性欲，于是，就把它理性化了。

亨利很难把感情和性欲同时给一个女人。这是由他的母亲情结造成的，从他不同的梦可以看到，他很想挣脱这个困境。因此，在梦中，有一次，他可能是个执行秘密任务的僧侣，但另一次，他的本能又带他去了妓院。

"我梦见在一个无名的城市，我和一个爱寻花问柳的'战友',在一条黑暗街道的一幢房子前站着等候。由于房子只许女人进入,我的朋友为了混进去,就带上了嘉年华会用的女人面具。我大概也是这样进去的,对此,我不大记得了。"

只有妓院这种地方,男人才没有勇气进去。该梦显示,如果他能放弃自己的男子气概(意识阻止他这样做),说不定还可以看到自己潜意识中的东西,但该梦并没有明确告诉我们,他是否真的决定进去了,所以他并没有真的揭示他的潜意识。在我看来,这个梦似乎还透露出,亨利害怕别的男人注意到他的女性"面具",他似乎有同性恋的倾向。

他下面这个梦,可以支持我的这个假设。"在梦里,我发现自己才五六岁,我的玩伴告诉我一件关于我父亲挚友——一个董事的事。这个董事兴趣广泛,我们都说他一点都不像个老人。这个玩伴和那个公司董事有过猥亵的事,那个玩伴把自己的右手放在那个董事的阳具上,同时使自己的手和阳具保持温暖。"

同性恋游戏,对于五六岁的小孩是很普通的事。它出现在亨利的梦中,证明他负有一些被强烈压抑的罪恶感情,这应该也是他害怕结婚的原因之一。把这个梦与他下面的梦联系起来，可以看到这点。

"我参加了一个婚礼，我不太清楚那对夫妇是谁，在某一个早上，我在一个大庭院等他们回来，一会儿他们——新婚夫妇、男傧相、女傧相回来了。看来新婚夫妇和男女傧相争吵过，最后他们各自离开了。"对此，亨利是这样说的，那里就像吉罗都描述的两性战争的战场，接着他又补充说，"我梦里的那个庭院现在是穷人的临时收容所，外观被破坏了不少，它可是在巴伐利亚的皇宫里面的，当我看到我同僚的新娘时，觉得她长得不怎么漂亮，也不知道他的婚姻是否能长久。"

在梦中，亨利潜意识中的疑虑表现得很明显：对婚姻不成功的恐惧感，两性最后分开等。

他所倾向的发展方向

在下面的这个梦中，揭示了在亨利的潜意识中，他对苦行生活苛求逃避以及对基本性欲的恐惧。我会详细分析这个梦，因为在这个梦里，我们可以看到他倾向发展的方向是什么。

"在梦中，我发现自己右边是一堵石墙，左边是一个无底深渊，而我自己在一条狭窄的山路上。沿途有几

荣格：岸，是永不消失的希望
rong ge
an, shi yong bu xiao shi de xi wang

个供孤独流浪者躲风避雨的山洞。有一个身体没有形状、肩上披着件深红色短外套的妓女在其中一个洞里躲藏着。我穿过石头，上前好奇地摸摸了她的屁股。突然，我感觉他是个男妓，他转过身来，大步地在路上行走，然后进入了一个摆放着粗制椅子和板凳的较大山洞。我看到，他是个圣人，他用高傲的眼神示意所有的人都走开。"

亨利根据自己的联想认为，梦中的妓女象征着"维纳斯"，在旧石器时代，她代表自然或多产女神。然后亨利告诉我，当他去瓦里斯（法属瑞士的一州）参观被发掘的旧日塞尔特族的坟墓时，第一次听说摸屁股是一种代表可以多产的祭仪。亨利认为，他之所以梦见圣人穿着深红色的、形状与未婚妻的短外套相同的外套，是因为他不喜欢自己未婚妻那件白色外套。在做梦的前一晚上，他们和未婚妻的朋友在一起聚会，他未婚妻的朋友穿着一件外衣，颜色是他喜欢的深红色。

在梦中，亨利就是孤独的流浪者，他左边的深渊代表着无意识（他的路不得不与此连在一起），右边的石墙代表着他的意识面，那些山洞代表着当外在状态太险恶——刮风下雨时，供躲避的地方。

那些洞穴象征着发生在我们意识内的鸿沟，是人类有目的的努力的结果。也就是说，当我们的意识到达极高的程度但又被打断的时候，在心灵中，一些意想不到的东西就会显示出来，这时候，我们就能隐隐约约地感知到自己的潜意识领域，在这里，我们可以自由地发挥想象。也许，大地之母的子宫也可以用石洞表示，这表示潜意识里面的东西可以转变成意识，而且潜意识可以再生。

因此，该梦表示，当亨利感到生活在这个世界上愈来愈艰难的时候，他就会服从主观的幻想——撤退到"洞穴"里。因此，他看到了一个半隐藏的、无形状、像海绵的女人，这是他潜意识中的阴性特质，在亨利的意识生活中，这个意象不会占一席之地。因为意识总是不停地禁止亨利摆脱这个"妓女"的魅力。

在一切有母亲情结的年轻人那里，往往不会接受和女人不谈感情，只保持动物似的性爱关系的生活。在终极的意义中，为了能对母亲保留"真实"，他往往会分裂自己的感情。因此，不管怎么样，对于儿子的心灵来说，母亲这个意象一直在对抗其他女人设立的"禁忌"。

即使完全退隐到潜意识的领域，亨利仍旧不敢看那"妓女"的脸，但是从后面，亨利摸了那"妓女"的屁股，

荣格：岸，是永不消失的希望
rong ge
an, shi yong bu xiao shi de xi wang

在潜意识中执行了一种与未开化部落类似的多产祭仪。但他马上意识到，这是个男妓，这时，就像许多神话中的意象那样，那个意象变成了雌雄同体。在个体思春期，我们经常可以看到这样的现象：即使对于自己的性别意识，青少年也往往并不放心，因此，和许多青少年一样，亨利的同性恋丝毫不奇怪。

"妓女"性别的混乱或许是由压抑和性的不确定所致。但是第二种转变却是（第一种转变是变成男人，第二种转变是变成圣人）否认肉体生活，排除与性有关的东西，要过苦行和神圣的生活。在梦中，这种巨大的转变是存在的，有些事甚至会向相反的方向转变，就像妓女变成了圣人。

梦中的外套也有着象征的意义，个体在外界露面时，他的外套有两个作用：一是给别人留下独特的印象；二是在别人面前隐藏"内在的"自己，在这个意义上，外套往往象征着个人的面具。在亨利的梦中，"圣人"和他的短外套，显示了亨利对他的未婚妻和未婚妻朋友的态度。这件短外套的形状和未婚妻的外套一样，这件短外套的颜色和未婚妻朋友上衣的颜色相同，这表示在亨利的潜意识中，为了使自己能够对抗她们的女性魅力，亨利把圣人的特质赋予了两个女人。

外套的颜色——红色也具有象征意义。前面也已提到过,红色象征着神圣但也更为色情的力量。这种感情和激情经常反映在那些压抑自己性欲、靠精神力量支撑的人身上。

这个梦似乎在提醒亨利:在年轻的时候,应该学习接受性方面的事——保存和延续香火十分重要,逃避它不符合人的自然本性。

当那圣人进入摆着板凳和椅子的第二个洞穴时,这好像意味着这是个神圣的地方,使人能摆脱迫害和肉体的束缚,从而进入到一种神秘而神圣的精神领域。

在梦中,亨利和所有那些不是圣人的追随者都不许进入洞内,而必须生活在外在世界中,这象征着亨利要想进入宗教或者精神领域的时候,必须先完成外在生活。

有意义的补偿

亨利开始被那些梦打动,最初的怀疑和抵抗在慢慢消退,亨利开始感觉到,梦正在以有意义的方式补偿他的意识生活,他觉察到自己内在的洞察力并逐渐意识到自己心灵中的矛盾,他开始对自己的心灵事件发生兴趣。

经过一段时间——大概两个月的分析，亨利的心理状况得到了改善，开始做一些比较积极的梦。"离我家不远处有个码头，和它紧挨着的是湖岸。从那个湖里面，有人吊上来了一个像火车头蒸气炉的大圆筒，然后又弄出来一节巨大、生锈的火车厢。这些东西好像是第一次世界大战时沉没的。人们用轨道和电缆把这些东西送到了附近的火车站，然后湖底成了一片绿色的草地。整个梦显得有点罗曼蒂克，但又让人恐惧。"

在这个梦中，火车头象征着力量和动力，它沉没了，象征着被压抑在潜意识里，但现在这些东西在大白天又被打捞出来了，而且车厢——可以装很多珍贵的货物，也跟着随之出现，湖底变成了草地。这所有的一切都象征着，亨利开始了解自己有多少主动的力量，并开始了积极的行动，即这些东西又重新回到意识领域，开始发挥着自己的作用。

在亨利的第24个梦中，他梦到了一个女孩子，背是驼的。"我和这个女孩一起去上学，虽然我并不认识她，她的个子不高，长得很漂亮，但是她是个驼背。其他的人都去不同的教室上音乐课了。她留下来教我唱歌，我们两个在一张小正方形桌子前坐着，我亲吻了她，因为

荣格：岸，是永不消失的希望

我心里忽然有点怜悯她。我意识到这虽然值得谅解，但我确实是在做一件对未婚妻不忠的事情。"

亨利害怕自己的感情，唱歌又是最直接表达情感的方法。所以在梦中，他把它赋予了理想化的青春期形式——与一个女孩子在一起唱歌。正方形桌子通常象征完美，代表着"四重"意念。另外，唱歌和正方形桌子一起出现在他的梦中，而且他的感情被唱歌打动了，他吻了女孩的嘴——在某种意义上，他"娶了"她，他开始能够与自己"内在的女人"打交道了。这些场景似乎在告诉亨利，整合自己的感情是完成心灵"洗礼"的必要条件。

他还讲述了另外的一个梦："我在一所男子学校上学，但是我逃课了。我记得，我在房间一个正方形的柜子后面躲着，这个柜子正对着走廊，柜门半开着，一个成年人走过，没有看到我，但一个驼背小女孩走进来，她发现了我，并把我从柜子里拉了出来。"一个小女孩在他的梦中出现了两次，这证明"这个驼背小女孩"在亨利的内在发展中扮演重要的角色。

两个梦中不仅出现了同一个女孩，且背景都是在学校。在两个梦中，亨利都必须学习一些东西，帮助自己发展。这似乎意味着，在没人注意到他的时候，他满足自己的欲求方式是学习知识。在许多神话故事里，残疾的女孩通常是强烈内在美的象征，内在美需要被"合适的男人"揭示才能显示出来，他们通常用的方法就是"吻"这个女孩。在每个情形中，那个女孩似乎都象征着他的灵魂要被解救出来——他吻了那个女孩。

非理性的意义

　　不管在第一个梦中，那驼背的女孩教他歌曲，还是在第二个梦中，那女孩子把他从黑暗的柜子中拉出来，都象征着她引导着亨利，她对他很有帮助。

　　越是依赖理性的人，越是容易受到梦的蒙蔽和影响。因为梦能弥补他们外在的生活，从而揭示被他们忽略掉的心灵生活的意义，在梦中，他们很难从非理性的事情中逃脱。

　　在对亨利进行分析时，他有过这种体验，且难以忘记。在他的精神发展中，有4个梦很特别。在分析后的10个星期里，亨利做了第一个特别的梦。

　　"独自在南美洲旅行了一段时间后，我来到一个坐落在高山中的异国城市。忽然，我很想回家，当时我就

荣格：岸，是永不消失的希望
rong ge
an, shi yong bu xiao shi de xi wang

往火车站赶，在我正担心时间不够时，我发现了一条近路。在我的右边有一排很接近中古建筑物的房子，那里有条通过那排房子的拱形走道，火车站似乎就在这条拱形道的后面。在拱道入口处，躺着四个穿着破烂的人。我快步走向那通道，突然，一个像猎人似的陌生人走在我的前面，看起来，和我一样，他也是要赶那班火车。

"在我到达那拱道入口时，那四个躺着的看守竟然变成了中国人，他们阻止我们通过，于是我们打了起来。在打斗中，一个中国人用左脚的长指甲把我的左腿弄伤了。现在要由神来决定我们是必须丧命还是可以通过这条路了。

"我是最先被决定去留的，那个猎人被锁上拉到了一旁。我总共有两次机会，那个中国人拿着一些细小的象牙棒与神商量，第一次结果对我很不利，我也被上了锁，站在了一边。那个猎人站在了我原来站的位置，在他的面前，神谕将决定我的命运，在这次的机会中，我获救了。"

这个梦的意义和象征意义并不难解释，但是，亨利怀疑潜意识的产物，对这个梦有点排斥。因此我劝他先看一看《易经》——中国有名的神谕书，并没有马上去分析这个梦。

个性化与人格培养

《易经》根源于神秘的时代，是本充满智慧的古书，以"人和宇宙相统一"这一假设为基础。全书有64个"符号"，这些符号包含着阳和阴所有可能的组合，每个都以6条线做代表，直线代表男性，断线代表女性。咨询《易经》较普遍的方法是丢钱币，每次丢3个钱币，看它产生的线，"尾"代表断的女性线，算是2；"头"代表男性线，算是3。连丢6次，产生6条线——这就是要咨询的符号。

亨利研读了几个星期的《易经》，按照我的建议，半信半疑地丢了钱币。也许是巧合，他丢的钱币显示的符号是"蒙卦"。根据《易经》的解释，在卦象上的上3条线有"保持静止"的意义，象征高山，也可认为是大门；下3条线代表着水、月亮和深渊，这些在亨利以前的梦中都出现过。卦象警告亨利，切忌胡思乱想。像我说的那样，亨利被那些非理性的东西征服了，像所有那些爱用理性解决问题的人一样。尽管《易经》中的语言十分艰涩难懂，但他仍旧被深深地吸引了。他告诉我要回去好好想想所有的事情，然后就离开了。下次会面因为他患感冒取消了。我也没再联系他，等待着他完全消化《易经》所揭示的神谕。

荣格：岸，是永不消失的希望

过了1个月，亨利来找我了。我们进行了热烈的交谈，他兴奋地告诉我这期间他的体验，但显然，他仍旧存在着困惑。一开始，他的理智极力地抑制他不要再与神谕沟通，但不久，他就发现很想再咨询《易经》。因为在梦中，他已经向神谕咨询过两次，而且第二次是被禁止的。对此，他不知道怎么办才好，连续两个晚上，他都失眠了。在第三个晚上，一个梦的意象出现了：在茫茫大雾中，一个头盔和一把剑出现了。

亨利于是拿起《易经》随意翻起来，在第三十章的注解中，他看到了这样的文字，执剑的人就是火——铠甲、头盔、枪矛，对此他非常惊讶。这时，他明白了，为什么自己梦中的第二次咨询被禁止了，因为在梦中，第二个问题与自我无关，所以要在猎人面前进行。

这个梦是个"变形的梦"，亨利心灵特质的人格化被那六个"梦的意象"表达，该梦拥有图形的力量，只存在于少数梦者的个人联想之中。"变形的梦"很少见，但具有很强的余威。

这个梦里的情形仅仅象征着亨利最近在智利找工作，但总是被拒绝，根源是因为没有结婚；同时他认为有些中国人埋首冥想而不工作（养长了左手的指甲）。

在梦中，他在南美（这个世界被称之为未开化、无人居住和肉欲的世界，与欧洲相对照）找工作，未开化和肉欲的世界是亨利潜意识的象征，这与亨利意识心灵的瑞士清教主义相对立。但过了一段时间，他感觉到自己在"异国城市"里并不舒服，就想回到意识的世界中——光明、有母亲和未婚妻存在。

那城市建在山上象征着亨利想回到意识世界的强烈愿望。因此他需要从潜意识的世界里"爬到"意识世界里去。他希望在那里找到回家的路。不管是在第一个梦中，还是在圣人和妓女的梦中，登山的问题都一直困扰着他。因为，和许多神话故事一样，亨利梦中的山往往是启示地的象征，改变往往会在那儿发生。

如果做梦者年纪很轻，精神发展程度低，在梦中，他就可能把平凡的对象象征化，以补偿他高远的抱负。因此，亨利在梦中就以火车站——这一人类集体交通中心象征着"自己"的所在地。

如早期的几个梦一样，即使亨利不知道自我——火车站在哪里，他也会通过潜意识的帮助，假设它在城市的中央。身为一个工程师，亨利在意识中喜欢把内在世界与火车站这种文明的产物联系在一起，但是在梦中，潜意识为他指出了完全不同的方向。

在梦中，那个方向指向一个黑暗的拱门，在拱门的出入口有四个穿着破烂的中国人，这意味着在拱门的出口潜伏着危险。看守的数目是四个，他们象征着整体和完美，代表着亨利潜意识中的男性心灵部分。要通向自己的心灵中心，达到意识的层面——火车站（联结着未开化的南美和文明的欧洲），必须排除潜意识的阻挡。

亨利在路途中，碰到自己的"阴邪面"——猎人，他未开化、粗鲁、世俗，这个形象的出现象征着他外向的一面补偿了他内向的自我。

在梦中，中国人是"黄土"的象征，亨利认出了那四个看守是中国人，意味着亨利开始对自己的潜意识感到警觉，他意识到自己的意识层面缺少作为心灵潜意识男性的整体不可或缺的部分。

六个人进行混战，其中一个人左脚的长指甲刮伤了亨利的左腿。在现实中，亨利听说过中国人有时会留长他们左手的指甲，但在梦里，中国人的左脚是爪，因为那指甲长在左脚上。这可能象征着，亨利仍然对自己的潜意识兼具正反两种感情，没有特别确定的态度，所以，他害怕那些中国人伤害那些他很害怕的潜意识面的观点。

在亨利的心灵中,非理性的东西受到压抑,但是这种非理性的东西,并不会消失,而是出现在梦中,使得亨利的理性自我不得不屈服。他沉浸其中,无法回家或继续走他常走的路,他的生活被改变了,而逃避成人的责任正是他沉浸其中和逃避的结果。

这时候,猎人代替了亨利的位置,向神谕咨询。亨利的意识或者文明的自我被锁起来丢在一边。在梦中,那个猎人赢了游戏,亨利得救了,这象征着当意识的自我被丢在一边的时候,如果人们认知到潜意识的存在并体验过它的力量,那些具体的潜意识也可能会产生解决的办法。

由于亨利开始认知到非理性的力量,并且研读了《易经》那本书,他开始变得愿意认识自己的潜意识。分析开始变得顺利,但与此同时,潜意识中的那些最紧张的内容开始显现。不过,亨利对此很乐观,他认为自己一定可以克服它所带来的消极影响。

过了十几天,亨利又做了一个梦,这次他面临的仍旧是非理性问题。"梦中,我一个人在房间里待着。这时候从洞里爬出一些黑甲虫,看起来很让人讨厌。它们布满了我的制图桌,我用魔术赶他们回洞,大部分的虫

荣格：岸，是永不消失的希望
rong ge
　　an, shi yong bu xiao shi de xi wang

子都回去了，但是这个方法对其中的四五只甲虫没有什么大的效果，它们只是离开了制图桌，但仍旧在房间里飞来飞去。因为它们没有再骚扰我，我也没有再向它们施法。在它们隐藏的地方，我生了火，火焰很高，像个圆柱体，我开始莫名其妙地害怕房间会着火。"

　　亨利认为自己已经掌握了解梦的技巧，因此，他对这个梦做了这样的解读。他说，梦中的黑甲虫象征着分析唤醒了我黑暗的特质；它们布满了我的制图桌，这象征着它们可能会对我的专业工作有危害；我用魔法驱使它们，这象征着它们使我想起了黑圣甲虫，我不敢用手去毁灭他们；在他们藏身的地方点火，是我想和神圣的东西合作的象征，而火柱是"约柜之火"的象征。

　　除去亨利的分析，要更深入地探讨该梦的象征意义，就必须注意到甲虫的颜色是黑色的。在神话中存在的甲虫通常是金色的，在埃及，甲虫是太阳神圣动物的象征。而在亨利的梦中，他"独自一人"，这种境况往往会导致内向、忧郁。而出现的甲虫是黑色的，这象征着在他的潜意识中的消极和黑暗。最后，他用火毁掉了甲虫容身的地方，是他积极行动的象征，因为火通常意味着再生和变化。

在亨利不做梦的时候，他充满了进取的活力，但是他还不能正确地利用一点，这在下面的一个梦里体现得很明显。

"有个老人生命垂危，我们40个亲戚围着他。老人一边痛苦地呻吟，一边喃喃低语'无生命的生活'。他的女儿问他怎么才能了解'无生命'，他没回答。他女儿让我用扑克牌的方式去找答案，遵照她女儿的话，我去了隔壁的房间，开始了这个游戏。在梦里，我知道，要想发现答案，就必须翻到'九'。我最初翻到的是大、小王，后来我又翻到一些根本不属于游戏的纸片。我翻完了所有的扑克牌，还是没有发现九。后来在妹妹的帮助下，我们在一本笔记簿下发现了黑桃九。我明白，阻止老人过自己生活的是伦理的拘束。"

这个梦的意义在于，40个人象征着亨利的心灵整体。垂危的老人暗示着亨利男性人格的最后变化。这个梦警示亨利，不过自己的生活，将会面临什么。

梦中无可避免和最重要的问题，是那女儿问的导致死亡的原因。这似乎象征着阻止老人过本能生活的是伦理原因。亨利去隔壁的房间用扑克牌算出这一原因，意味着这件事在亨利的意识中并没有显现。

梦里的大、小王也许象征着他早期崇拜的财富,当所有扑克牌都被翻完时,他强烈的失落感象征着被耗尽的内在世界。亨利不得已要接受自己阴性面——他的妹妹的帮助。他们发现这张牌在笔记簿下面,而笔记簿象征的是亨利枯燥的专业工作。

根据传统的数目象征,九一直是个"魔法的数目",是三位一体的完美代表。黑桃九意味深长,从形状来看,黑桃就像树叶,它原来是绿色、自然和生命的象征;从颜色来看,它代表着死亡;从词源学来看,它的原意是"剑"或"矛",这象征着智力的渗入。因此,该梦象征着,道德阻止了老人过自己的生活。这是亨利实际生活的象征,在亨利的实际生活中,他害怕和一个女人发生涉及责任的关系,从而失去对母亲的"忠心",他想从感情生活中撤退。

通过这些分析,亨利知道了非理性对生活存在的重要意义,在某些时候,我们甚至可以让它对我们的生活进行指导。

生活态度要积极

亨利的最后一个梦蕴含着最丰富的象征。

荣格：岸，是永不消失的希望
rong ge
an, shi yong bu xiao shi de xi wang

"我们有一个友好团体，共四个人，其中有一个是法国总统。冬天，在夕阳西下的时候，我们和一个女孩子一起坐在一张原始的木质长桌前，我们用三个不同的容器喝东西。我们喝的东西有黄色的甜利口酒、暗红色的加柏那酒和茶。那个女孩把她的利口酒倒在了茶里。

"晚上，我们到那个法国总统的皇宫里去，在皇宫的阳台上，我们看到喝醉的他正向着一堆雪小便，他的尿好像永远撒不完似的。一会儿，他又追着一个抱着小孩的老处女，向那个小孩子撒尿。那个孩子被裹在棕色的毯子里。老处女感到毯子湿了，以为是小孩尿了，就匆匆地离开。

"到了早上，街上有个完全赤裸的黑人，当时我们在法属瑞士，他朝着东边瑞士的首都走去，我们决定去拜访他。坐了很长时间的汽车之后，我们在中午时分来到一个城市，走进一幢黑暗的房子，我们觉得那个黑人可能就在这里投宿。当时，我们还有点担心黑人已经被冻死了，但看来那个黑人没事，他的仆人接待了我们。和那个黑人哑巴一样，这个仆人也是个哑巴黑人。我们想找个有文化特色的礼物送给黑人，但翻遍了背囊也没有找到。最后，我下定决心，从地上捡起一包火柴，满怀敬意地送给那个黑人。他们也送了自己的礼物，之后，我们和黑人一起参加了一个狂欢的酒宴。"

在梦里，活动从黄昏开始，然后在第二天中午结束。它包含了一整天，而且移向意识的方向——"右边"。在这梦中，四个朋友似乎是亨利心灵男子气概的象征。

这个梦最初的场景发生在黄昏，这段时间内，潜意识很容易浮现，因为在这个时候，意识很脆弱。在梦中，有一个女性和那四个人一起喝酒，代表那四个人的女性面被唤醒了。在梦中出现的内凹而善于接纳的容器也是女性面的象征，在他们把酒喝光之后，那个女性形象就引导那四个朋友进入自己的潜意识，从而在潜意识中沟通。

在梦中，四个人发现他们竟然在巴黎。巴黎在瑞士人眼中代表着色情、欢乐，醉酒的"法国总统"代表着潜意识的感情和本能。亨利和两个朋友从阳台高处望着那个"法国总统"，他们的状态象征着拥有半意识。

头发、大小便等在未开化的人看来，都代表着一种神秘的生命力量。梦中，那总统的尿好像撒不完似的，这象征着永不枯竭的心灵欲望的源泉，它拥有很强的创造力和生命力。这说明，潜意识还是权利符号的象征。

荣格：岸，是永不消失的希望

在梦中，那个抱着孩子的老处女是亨利对玛利亚和耶稣原型意象的联想。被裹在棕色毯子里的小孩子，不像是天上的小孩，他似乎象征着耶稣基督的地下的相反意象。那总统向小孩子撒尿似乎象征着被滑稽化的洗礼。

该梦的转折点是女人带着小孩子匆匆离开。早上到了，梦中出现了全身赤裸的黑人——象征着真实纯净的形象。他们四个人又处在了法属瑞士区（亨利未婚妻的家乡），他们要去瑞士的首都。这证明四个朋友调整了自己的方向，他们转变了180度，完成了始于瑞士东部去巴黎的路，指向了瑞士的首都。他们完成了从"黑暗——潜意识——意识"转变的这样一个过程。这是第一次，亨利开始接受他的心理背景，找到了出路——通向未婚妻的家。

在梦中，那黑人具体化了潜意识中的特定内容，他代表了潜意识内容的黑暗特质，也许这也说明了为什么白种人会拒绝和害怕黑人，另一方面，黑人似乎还是潜在男子气概的象征。在他们有意识地去拜访黑人的时候，亨利和他的朋友向成熟迈出了决定性的一步。

在梦中，时间到了中午，但那时是冬天，也许这象征着亨利缺乏感情和温暖。阳光很好，象征着他们的意识也到达了高峰；在梦中，他们开车寻找黑人，代表他们寻求自我的发展是长期而疲惫的一个过程；在梦中，黑人主仆都是哑巴，亨利和他的朋友不能用语言来与他们沟通，只能送礼物给他们，赢得他们的感情。这象征着为了博得黑人（自然和本能）的欢心，必须"牺牲智力"。

在梦中，亨利把一盒被人废弃的火柴送给那黑人，似乎很荒谬，但从火柴所蕴含的深意来看，这又是一个正确的选择，因为只要有人类存在的地方，火柴就会存在，因为火有心的特性，是温暖、感情和激情的象征。在梦中送黑人礼物的行为，象征着亨利心理意识的一面、潜意识的一面和潜意识中蕴含的力量完美地结合在了一起。

最后，在梦中，四个朋友和黑人主仆共六个男人一起参加了酒宴，这表明，亨利的自我似乎找到了安全感，他的男性面趋向了完整，这预示他"自己"开始出现，整个人格都走向了成熟。

与梦相对应，亨利在现实中也变得很成熟，在分析后的 9 个月，他和未婚妻在瑞士西部的一座小教堂里结了婚，后来他们又去了加拿大。亨利在一家大工厂从事一份重要的工作，把家庭也打理得井井有条。他的生活态度非常积极。

亨利的例子证明，灵魂的发展过程，可以从心灵自制的行动中获得支撑。这个例子还表明，自我力量和男子气概的成熟，代表着男子开始了实际的外在生活。这就结束了个性化过程的第一个阶段。自我和"自己"间正确关系的建立，是个性化过程的第二个阶段。在亨利这个例子中，他还没有完全达到。在亨利的身上，分析的效果很好，这也是为什么我会选择他做例子。但是在面对别的例子时，我们还是要具体问题具体分析，对不同的人实施不同的分析和治疗。

精神分析学

精神分析学

根植于心灵中的希望

一

从人类诞生之日起,人们就有着这样的一种信念:灵魂是存在的。在一些特别崇尚灵魂的年代,比如古希腊、古罗马和中世纪,人们普遍认为灵魂是实体,灵魂在哲学中的地位可以说是达到了极致。而到了19世纪50年代,在科学唯物主义的影响下,一切看不见摸不着的东西都受到了质疑,灵魂可以说是首当其冲。一种"没有灵魂的心理学"获得了发展。在科学唯物主义的长足发展过程中,一切不能为感官所知觉,不能追溯出物理原因的东西,都被认为是不真实、不科学的。一时间,科学成了衡量真理的标尺。

　　科学唯物主义并不是人们世界观急剧转变的最初力量，早在科学唯物主义之前，它的根基已经被撼动了，尤其是宗教改革中的精神动乱和世界航行时代的到来更是给它带来了巨大的冲击。

　　不管是宗教改革给人们带来的精神冲击，还是伟大的航行时代对人们视野的开阔，都使人们慢慢地转变了观念，精神具有实体性的信念，逐渐被唯物质才具有实体性的观念所代替，思想的较量整整进行了大约四百年，最后，欧洲思想界、学术界的巨人们终于认为人的精神、灵魂不是实体性的概念，相反，它们的存在完全依赖于物质或者是物质性的原因。

　　如果我们非要认为哲学或者自然科学是这一彻底转变的原因，无疑并不能让人信服，任何哲学家和科学家，只要他们有足够的洞察力和独立的思考能力，都对这种非理性观念的转变持保留的态度。更有甚者，他们对此加以抵制，但这种反击无疑是无力的、不必要的。

　　就我个人而言，我很希望大家不要盲目以为这种观念的转变来自理性的反思，事实上，不管是证明还是否认精神或者物质的存在，理性的思考都是无能为力的。

任何一个聪明人都可以很清楚地看出来，不管是物质还是精神，都只不过是某种未知东西的代表，在一定的意义上，它们具有的只不过是纯粹的象征意义。而个人是否接受它们的存在，完全取决于他们所处时代的精神导向以及个人的气质。我们甚至可以认为这只不过是思辨的理性所变的一个戏法。

但是从心理学的角度来看，这样的转变绝不仅仅是变戏法那么简单，相反，它甚至可以说是一场前所未有的变革。这场变革的意义在于：在头脑简单的人看来，世俗的世界代替了彼岸的世界；关于人的动机的讨论成了经验世界的主题；内部世界似乎已经不再存在，它们都成了可以看得见的外部世界；除了事实价值是价值，别的一切似乎都失去了价值。

但是对于有独立思考能力的人来说，我们没有必要把这种变化——非理性的观念变化看作一个哲学问题。我们可以因此做一个有趣的假设，如果我们坚持内分泌活动决定着我们的精神和心理活动，我们肯定会受到同时代唯物主义者的赞扬；相反，如果我们认为世界精神的辐射表现为太阳核子的裂变，我们可能会被认为是个疯子。但其实从哲学的表述来说，这两种观点是同样武断而且只具有象征意义,当然也同样合乎逻辑。这与无论说动物是人类的祖先还是人类是动物的祖先,从哲学认识论的角度而言,都是可以被接受的一样。

时代精神同理智绝对没有任何的联系,它更多的是一种情绪上的倾向和偏见,说得好一点,它可以说是一种信念;说得不好一点,它就是一种宗教。但是,时代精神却总是被认为与常识相符合,并可以作为绝对的尺度,来衡量一切的真理。正是这样一种压倒一切的暗示力,使我们同时代的人按照它们的"指挥"思考。如果没有按照时代精神的"指挥"来思考,这种个人就是逆社会潮流行事,是病态和有害的。

如果说从前我们认为上帝创造万事万物是真理,那么19世纪的真理在于:一切事物都源于物质的原因,因为它符合时代精神,是流行的思维方式而没有被质疑,其实如果我们能稍微思考一下,就会发现它非常荒谬。但是在这个时代,如果我们与时代精神相抵触,认为灵魂或者精神具有自己的实体性,必然会被认为是异端邪说。

二

我们的祖先假定灵魂是永恒不朽的,它维持着生命,支撑着肉体，并可以通过神奇的力量治疗疾病，它具有神圣的性质而且是可以不假于他物而独立存在的。这种假定在我们的经验世界之外，创造了一个精神的世界。我们的灵魂所拥有的一切知识都从这个精神世界获得。现在我们发现，这些假设毫无理智层面的根据，只不过仅仅是揣测而已。在我们认识到这种假定仅仅是一种揣测，并把这种幻象破除的同时，又出现了一种新的揣测：物质产生精神，猿猴是人类的祖先，康德的《纯粹理性批判》是饥饿、权力欲与爱欲完美结合的产物。但是可悲的是，那些具有一般意识水平的人，并未发现这仅仅是一种幻象。

就这个意义来说，我们极力推崇的物质与上帝又有什么实质的区别呢？如果一定要说区别，也不过是以普遍概念的形式代替了人的面目。不可否认的是，我们的意识在空间的层面上得到了极大的扩展，但可悲的是，我们意识的时间维度并没有随着时代的发展得到应有的扩展，为了能让我们的哲学假设更为审慎，我们要学会用历史动态发展的观点看问题。但是时代精神极力避免的却正是这种历史的反思。如果说时代精神还愿意谈论历史，那也不过是出于实用主义的考量，历史对他们来说，

荣格：岸，是永不消失的希望
rong ge
an, shi yong bu xiao shi de xi wang

只不过是让他们能够随便惊讶一下："怎么，就连亚里士多德也知道这点。"即使如此，时代精神还有着统率一切的作用，时代精神为什么可以这么草率地统率一切，它是如何获得这种力量的，这种心理现象十分重要，但也相当复杂，需要通过恰当的思考去真正地了解它。

在中世纪，我们总是试图能从对天穹的展望中解释一切事物，在这之后的四百年间，意识向一个完全相反的方向发展，我们习惯了用物理的方法来解释一切事物。这绝不是个人的意识，而是一种人种心理学的现象。如同原始人一样，我们总是在自己的行为发生之后，才对它做出各种各样不充分的理性化解释。到现在为止，我们已经以精神的名义解释了太多的现象。意识到这点，就会让我们明白，我们现在为什么会倾向于在物质的基础上解释一切事物。

但也正是现在，我们也许正在循着相反的方向犯着同样的错误，那就是，像过高地估计精神的力量一样，我们现在也过高地估计了物质的力量，相信它可以给我们提供关于生活的正确解释。

从根本上来说，我们对于终极的事物，不管是物质还是心灵，可以说是什么都不知道。在这里，我要讲一件我亲身经历的事情，在1914年，我曾经参加过一次会议，这次会议由亚里士多德学会、心灵协会和英国心理学会联合举办，召开的地点是伦敦柏特福特学院。这次会议有这样一个专题——"个体的心灵是融汇在上帝之中还是被排斥在外"。英国知识界的许多精英都是这些学会的成员，大家对这个议题的讨论十分的自然，或许只有我十分惊讶，因为我觉得这是一场具有13世纪色彩的讨论。但是这个例子也正好说明了一点：欧洲的任何地方都还保留着自主灵魂的观念。如果我们能认识到这点，也许我们就会觉得把心理理论建立在自主精神的原则上并不是不可能，虽然它是一种"有灵魂的心理学"。

我们甚至完全不必觉得这样的工作不合时宜，因为与对精神的假设相比，对"物质"的假设是同样虚幻的，我们既不能否认精神事件确实存在，也不知道物质如何产生精神，那么我们以精神的方式来做出我们的假设并没有任何不妥。

这种假设设想人的心理起源于某种精神原则，比如灵魂。而且灵魂不能为我们的知性所接受。而现代科学心理学并不这样认为，它之所以现代，就在于它否认了这种可能性。为了更好地看到这一点，我们必须重新聆听一下祖先的教导，因为这种假设是他们做出来的。在他们看来，人的灵魂本质上是生命的气息，灵魂不仅存在于取得肉体形式之前，在肉体形式消失之后，灵魂仍旧存在，也就是说灵魂是永恒的。虽然这些被现代科学心理学斥为"幻想"，但是为了能对这种观念做公正的考察，破除掉现代的种种"形而上学"，我们就要看一下，在经验上它是否有正当的理由。

从词源学的角度来看，不管是拉丁语、希腊语还是阿拉伯语，对于灵魂的称呼都是与"精神的冷气""气息"相关的，既然呼吸标志着生命，那么它也可以被看作是生命，这点与某些原始人的观念相符合。比如，在一些原始人的观念里，因为温暖标志着生命，所以灵魂就被认为是火。还有一些原始人有着更为奇怪的观念，在他们看来，一个人的名字就是它的灵魂。在这种观念的驱使下，产生了这样的风俗，为了让祖先的灵魂再生，他们往往就用祖先的名字来为家中新生的婴儿命名。还有一种原始观念认为，对人的最大侮辱就是践踏一个人的影子，因为影子就如同灵魂，希腊人曾经用"他尾随身后"来表达它们对灵魂无形的、活生生的感觉。

不管怎么说，虽然原始人对精神有着不同的体验，但对精神实质的看法却是基本一致的，在他们看来，精神是独立存在的、某种客观的东西，它是最开始的动力因。因此，他们可以与灵魂进行对话，还可以使灵魂成为他们内心的声音。

从经验的层面来讲，这种观察事物的方式并不是没有正当的理由。因为我们不能命令自己做梦或者不做梦，我们的记忆有时候会让我们十分惊讶，不管理智与否我们都可能被某些想法困扰等，而这些不但使原始人敬畏，也让文明人费解。他们不得不承认精神事件确实有其客观的一面。实际上，在极大的程度上，无意识所具有的正常功能确实在制约着我们，只有在自我陶醉的时候，我们才认为自己是独立自主的。如果我们对神经症患者的心理过程进行研究，我们会惊讶地发现，他们的心理过程与正常人相比，几乎是一样的——在今天，谁又能自信地说自己不是神经症患者呢？

既然这样，我们又怎能完全否认灵魂观念的某些正当性，虽然这种观念把灵魂看成生命的源泉，同时又是让人恐惧的客观实在。从心理学的角度看，这种假设很容易理解。经验告诉我们，自我意识或者说"我"的感觉不是来自意识，而是从无意识中发展起来的，对于

荣格：岸，是永不消失的希望

一个婴儿来说，在他生命的最初几年，几乎不会留下什么记忆，这只是因为他们还没有明显的自我意识，虽然他们拥有精神生命。我们既然解释不了那些思想火花的来源和那些生机勃勃的感觉，这些感觉和思想的来源并不占据任何空间，那么我们也可以明确地说它是没有形体的，即使形体（肉体）死亡，这些来源又怎么会消失呢？更何况就像上面所说，婴儿最初虽然没有什么记忆，但却能够说，在我能够说"我"之前，生命和心理就已经存在了，当这个单独的"我"消失之后（就像在睡眠中和无意识状态中），生命和心理却继续存在（这种确信来自我们对梦和别人的观察）。既然有过这样的经验或者体验，原始人确信灵魂一定存在于肉体之外的另一王国。就我个人而言，虽然我们总是认为这种观点是迷信的，但是我却看不到它的任何荒谬之处。

三

无意识中的确包括所有阈下的知觉，原始时期的人承认这一事实，因此他们认为梦和幻觉也是信息的来源。其中中国和印度的文化就是典型的例子，它们就是以这种心理学为基础而建立的。而且在这个基础之上，它们还探索出一套认识自我的理论，并对这套理论进行了高度的完善，不管是在哲学中还是在实践中。

今天我们清楚地知道，许多东西都容纳在无意识中，包括所有遗传于祖先的生活和行为的模式。每个婴儿一生下来就具有一套潜在的心理机制，这种心理机制虽然是本能的、无意识的，但它却能够适应环境，并一直存在，当这个婴儿成人之后，这种心理机制依然活跃在他的意识生活中。我们甚至可以说，在无意识的心理活动中，存在着一切自觉意识到的心理功能。无意识也像意识一样，可以知觉、感受、思维、具有目的和直觉。关于这点，我们在心理病理学领域找到了充分的证据。虽然意识精确、集中、非常容易消失、具有个体性；无意识模糊、杂乱、内容广泛（容纳着不可胜数的阈下知觉和我们祖先积累下来的生活财富），但它们只是在某一方面有着本质的不同。

更近一步说，如果我们可以人格化无意识，我们就可以认为它只能是个集体的人，它融合了两性的特征，有丰富的人生经验，不但会被当作千百年的旧梦来怀念过去，还可以预见遥远的未来，鲜活地感知生死，它还可以被认为是超越了时间，成了永恒的诠释。

荣格：岸，是永不消失的希望
rong ge
an, shi yong bu xiao shi de xi wang

　　但集体无意识毕竟不像一个人，它更像滔滔不绝的水流和浩瀚如汪洋大海般的幻影和形象，在我们做梦或者处于不正常的心理状态时涌进我们的意识。虽然它自身并不能意识到自己的内容。

　　但显然我们并不能将集体无意识称之为幻觉，因为它正在有目的地运转，它虽然保留着原始时代的进化痕迹，但却是一个统一的整体，并支撑着我们的生存。就像比较解剖学和比较心理学一样，集体无意识也是知识的来源，必须重视对它的研究。

　　如果我们不对无意识深入地考察，我们可能就会认为只能从外部和意识的层面来解释它，像大家都很熟悉的那样，弗洛伊德就做过这样的尝试，他的尝试让我们清楚地看到，在通过个人存在和个人意识，无意识才能产生的情况下，用外部和意识的原因来解释它才可能是成功的。当然这都是过去时代的观点了，这种观点的成功之处就在于，它清醒地看到，在短暂的个人意识之下，深深地埋藏着经验的无尽宝藏。事实上，无意识作为一种心理功能体系，它从原始时代遗传下来，是先于意识而存在的。所以，如果我们企图用意识来解释无意识是怎么回事，无疑会显得非常牵强。如果转换思路，我们的解释也许会变得更真实一些。

从前面的论述，我们可以看到，如果我们把心理学的基础建立在精神系统上，而不是把其诉诸物质的理由，我们将会有一个什么样的遭遇。当然，我们也可以巧妙地把物质世界推崇的能量称为神，把我们推崇的精神和自然合一，减少我们所遇到的阻力，这当然不会有什么大的危险，但这种解释无疑对实际人生毫无帮助，只是建立了一套纯粹学院口味的心理学。而这点与我们的初衷是违背的，因为我们需要的是这样的心理学：它在病人那里取得的成果可以验证它解释事物的方式，或者说，它是实用的，对病人是有帮助的。这样我们就可能会陷入一个困境当中，我们到底是在物质的基础上还是在精神的基础上建立的我们的理论？如果坚持物质的基础，我可能会妨碍或者毁灭我病人的精神发展。如果坚持精神的基础，我就相当于剥夺了人作为一个物质存在的自然人这样一种权利。因此，我必须要对我的心理学基础做出恰当的解释。

如果现代心理学家既相信这个也相信那个，置身于两者之间。这倒是能巧妙地避开矛盾，但是这样只会导致无形式的不确定性。不过不管怎么样，这是个两难的

荣格：岸，是永不消失的希望

处境，我下面将会试图思考着解决这一难题：自然与精神之间的冲突，不过是精神生活固有矛盾的反映。在我看来，由于我们不懂得精神生活本身具有的性质，才会让我们觉得物质和精神是相互冲突的，其实它们之间的冲突仅仅表明：我们唯一的直接经验就是，在最深的根源上，精神是不可理解的"某物"。感官印象本身和肉体的疼痛都只不过是一些心相，可以说，一切我可以通过经验感知到的，都只是心理的东西。事实上，如果说我不得不用人为的手段来确定在我之外的事物模样，那也不过是因为我的精神改变甚至伪造了实在。可以说，心理材料组成了我们的一切知识，这就是最真实的心理实在。

如果人类意识能够达到这样的水平：承认两者都是同一心理的构成因素。我们就会发现心理实在仍然保持着其原初的太一。如果我们真的这样理解了心理实在，我们就可以认为，现代心理学所取得最重要成就，就是心理实在观念的确立。就我看来，这一观念使我们能够理解心理现象的丰富性和独特性，最终必将会被人们接受。当我们拥有了这一观念，迷信与神话、宗教与哲学将不会再受到人们的歧视，这就在于，那些我们可以感知到的真理虽然可以满足我们的理智，却不能表达我们的情感。情感往往决定了善类之类的事情，失去情感援助的理智，也通常是无力的。我们无法想象，如果没有情感，希腊罗马世界怎么转入封建时代，而伊斯兰文化又怎么得到迅速的传播，单纯的理智很难导致精神或者社会上的革命。当然，作为一个医生，我的职责是治疗病人，并不直接关心这些重大问题。

但是我们也越来越认识到，我们必须把病人当作一个有机整体的人，而不是仅仅把注意力放在心理症状上面，我们才有可能获得成功的希望。因为心理疾患不是一种局部现象，有着明确的患病部位和严格界限，而是一种有整个人格所负荷着的不正确心态。

我们可以发现一个基本事实，任何一个人，只要他具有一定程度的清醒意识，在他的精神生活中，我们就可以发现灵魂性质的一般概念。在历史学发展的过程中，我们对心理过程的考虑主要侧重于物质的因果性，而研究心理过程任何对我发生影响、我能够知道的事情都是现实的。

假设，现代心理学已经揭示了心理的某个方面，那也只能是心理的生理学方面。虽然我们已经知道，心中存在变化着的精神过程，但我们并没有成功地揭示它的特殊规律。人的心理仍旧难以把握。16世纪的医学，还丝毫没有生理学的概念，只是开始了解剖学的研究。同样，我们今天对人的心理精神方面知识的了解，也是很零碎的。

　　我们能说的也不过是：在揭示人的心理奥秘这个问题上，我们已经尝试过什么，在今后我们准备继续做怎样的尝试。

精神分析与灵魂治疗

教士牧师对灵魂治疗和精神分析关注不同的事情，灵魂治疗的基础是对基督教的信仰，它利用的是宗教对人的影响；精神分析是将无意识之中的心理内容揭示出来，并将它们整合到意识中去的一种医疗干预。弗洛伊德和我的方法都属于精神分析，而阿德勒的方法直接作用于自觉意识，基本上可以被认为是教育学的方法。

如上面所说，精神分析并不试图对自觉意识进行治疗，只是试图把无意识内容揭示出来，并使之进入到人的自觉意识，从而达到消除心理症状的目的，这正是精神分析技术的目标所在。

虽然我和弗洛伊德都坚持精神分析技术的基本目标，但是我们之间存在着分歧，那就是，对无意识的内容，我们有着不同的解释。为了能够把无意识的内容整合到意识中去，我们必须要有一个领悟和洞察的标准或者说是尺度，弗洛伊德的尺度十分清楚地表现在他的性欲理论之中。在这一理论中，他认为性欲倾向（或别的不道德欲望）基本上就是无意识的心理内容。在他的著作《一个幻觉的未来》中，我们可以看出来这一观点的基础是理性唯物主义。

在19世纪后期，这种科学观十分流行，如果对这种观点进行深入地推理，我们会发现它可以被推进到这样的程度：人的动物天性对人的影响十分深远。但是，弗洛伊德的观点是更精致的，他对此进行了"升华"，认为无意识是"力比多"在非性欲化的形式的运用，对此，我持保留意见。因为并非所有无意识都可以"升华"。

人们可能会由于个人气质、所信奉的哲学或者所信仰的宗教而不接受这一科学唯物主义，但幸运的是，那些性格比较单纯的人，当他们出现了神经症的时候，对他们进行干预，可以使无意识的内容在他们的自觉意识中实现（这也是本能具有的自然本性），他们的症状可以因此缓解或者消失。但对于那些心气很高的人来说，由于他们的痛苦来源主要是对知识的渴望，而这种渴望又超出了本能，因此弗洛伊德所提供的答案可能就满足不了他们，而教会方式（教父不但要听信徒告白，还要向他们提问）的恩典就可能满足他们希望看见、理解和知道的想法，从而能对他们有所帮助。我们可以看到，这些形式和仪式其实与无意识心理内容相适宜。

但新教牧师却不主持任何仪式，只是进行普通的祈祷和圣餐，这种仪式的简化，会使他们只满足于道德，从而可能压抑本能力量，使无意识内容无处容身，从而剥夺了他们对无意识发生影响的手段。

初入道的精神分析者，可能会缺乏对整体的把握，从而有可能提前把病人潜在的心理症状释放出来，这往往会遭到指责，所以他们最好能与一位医生合作。好在这种意外事件并不太多，但是由于精神分析要求病人正视自己的人生，并直面那些他们一直可以回避的问题（这些问题可能并不是那么道德），分析者为了对病人有利，可能会选择不解答这些重大问题。如果病人自己也意识到这点，他们可能就会期望通过宗教的方式去解决。

这点在前面已经讲过，那就是通过一些仪式，天主教会可以把心理中较为低下的本能力量，整合到精神的神圣秩序中去。而新教牧师却缺乏这种手段。

医生们可能会认为自己可以涉足哲学和宗教，但这无疑是天真的想法。在分析心理学中，医生和神职人员的分工并不明确，认识到这点之后，他们所进行的应该是相互合作，而不是彼此敌视。

新教牧师仪式手段的缺乏，就可能导致他们不得不参与到病人的灵魂拯救之中，从而使自己置身于心理冲突的危险当中，因为他们不能像天主教那样做到移情，从而把灵魂治疗的问题变成非个人的东西。

不管怎么说，对于新教牧师来说，治疗灵魂是一项危险的工作。德尔图良曾把这项工作比喻成斗兽场，并鼓励他的学生参与其中。如果新教牧师不愿意从事这项工作，我也完全理解。

新教牧师手段的缺乏，使他们容易从心理治疗或者灵魂拯救的工作中退却。当然，在另一方面，也可能导致他们冒更大的风险，并做出更多的努力。如果他们真的做出了更多的努力，我相信所有有头脑的心理治疗者，都会感到欣慰。

精神分析学

直面人类生命的本质

我在布尔格斯力担任实习医生的 9 年间,把主要的精力都放在了"精神病患者的内在变化到底是什么"这一主题上,虽然,我一开始对这一主题一无所知,但我一直保持着浓厚的兴趣。

当时,最权威的临床观点认为,病人的人格及其个性一点都不重要。因此,无论是教精神科的老师,还是治疗精神病的医生,包括我的同事,所关心的都是怎么去描述病人的症状并施以诊断。如果病人一旦被诊断,就像被贴了永不能翻身的标签,没有人会重视他们内在的世界。

荣格：岸，是永不消失的希望

在关于病人内心世界的研究上，弗洛伊德给了我很大的启发，尤其是他在歇斯底里症和梦的解析方面的研究，让我受益匪浅。

当时我在这个部门工作，我至今对一个非常感兴趣的病历仍有印象。因为"忧郁症"，一个年轻的女人住进了医院，医院对她做了各项生理检查和测验，并调阅了她过去的病历资料，最后，院方认为，这个女人患的是不易复原的"精神分裂症"。

因为自己还没有什么经验，最初，我根本不敢怀疑这个诊断结果。但是我一直有点奇怪，她看起来不过是有点沮丧，怎么就成了精神分裂症呢？于是，借着当时正提倡的联合治疗的名义，我决定按照自己的方法，尝试对她进行实验性的治疗。根据我自己的方法，我揭示了隐藏在她潜意识中的东西：这个女人在结婚之前，认识了一个深受女孩子欢迎的富家子弟，由于她认为自己相貌漂亮，富家子弟肯定会娶她，但是这个富家子弟似乎并不这样想。沮丧之下，她就跟另外的男人结了婚。

事情在她结婚的第五年有了变化，这源于她旧时女友的到来，两个人回忆着过去的种种，忽然，她的好友告诉她，那个富家子弟对她结婚的消息感觉很吃惊。听到这个消息,她感觉无比沮丧。接下来的日子,她一直受着这种情绪的困扰。两个星期后的一天,她给自己的儿子和女儿洗澡,当她发现女儿在吸洗澡用的海绵里的水时,她不但没阻止她,还拿来一杯不干净的水给儿子喝,由于她住在乡间,水源卫生很差,过了没多久,她的女儿就因感染伤寒夭折了。就在这时,她的沮丧达到了极点,精神也崩溃了,被送进了疗养院。

通过这种实验性的治疗,我知道了她为什么沮丧的秘密,可以说,她的病并不是精神分裂,而是由心理因素中的不安导致的。

这个病人好几次试图自杀都未成功,就生理方面来说,她很健康,医院并没有给她过多的治疗,除了让她服用镇静剂来治疗失眠症。

我陷入了两难:我没有处理这类病的经验,不知道是否应该对她实话实说,并按照我的方法给她治疗。作为一个医生,良心告诉我,应该这么做。但是我知道,我的同事肯定不会同意我这么做,因为他们可能认为,这会让她精神崩溃。

我始终认为,在心理学领域,潜意识的介入与否,可以让我们对一个问题做出多种解释,这里没有所谓的法则。当然，我也知道，如果我坚持告诉她，病人如果因此崩溃，我也脱不了关系。但我还是坚持了自己的看法，把诊断结果告诉了她，这是一件十分艰难的事情。

让我们没想到的是，她的病在两个星期后竟然开始好转，从此再没有进过疗养院。对此事，我一直保持了沉默，因为我不想让她再陷入更复杂的情况，在我看来，她已经得到了足够的惩罚。

第一次心理治疗

我发现，在许多精神病例中，光是掌握病人在意识范围内的资料是不够的。他们总是隐藏着一个秘密——从未对外人提及过的秘密，这也是他们的致命伤。治疗的关键，就在于了解这个秘密，并展开治疗。为了挖掘这个秘密，我们可以耐心地、直接地和病人接触、解释他们的梦境、展开联合诊疗等。无论如何，病人的问题绝不单单表现在病症，而是在他们本身。

我曾经在苏黎世大学担任精神病学讲师，除了教授心理病理学，还教授弗洛伊德的基本心理分析。在第一学期，我经常讨论关于催眠的主题。

在讲授催眠课时，我通常会详细调查病人的背景资料，并把他们直接带到课堂。有这样一个病例，让我记忆犹新。一天，一个约 60 岁、挂着拐杖的老年妇女在女仆的陪伴下，来到我的诊室。她左脚罹患麻痹症已经 17 年了。我让她坐在椅子上，告诉我她的一切。她开始叙述自己的病痛以及生病的整个经过。最后，我打断还在滔滔不绝的她，告诉她时间不够了，要马上将她催眠。等我一说完，她就进入了被催眠的状态。这让我很不解，因为我还没来得及进行任何的催眠程序。在睡眠状态中，她继续滔滔不绝，还说了好几个奇怪的梦。面对在场观察的 20 个学生，我发现现场变得很难控制。因为我当时并不知道这些梦代表了什么，多年之后，我才意识到这是她潜意识中的经验。

过了半个小时，我努力想让她醒过来，但她并没清醒，我很紧张，花了约 10 分钟才把她弄醒。我当时想，也许我无意中进入了她潜伏的精神状态。我发现，她醒过来后显得十分迷茫，我告诉她，你已经好了，我是医生。结果她大叫："我好了。"并且，她扔掉拐杖，走起路来。

我对此感觉莫名其妙，但我极力地掩饰着尴尬，告诉学生，这就是催眠术的功劳。

那个女病人痊愈了，而且精神抖擞地离开了，我对此很不解。我认为，她短时间内肯定还会复发的，要求她保持联系，但她却并没复发。

　　第二年，在第一次暑期课程上，她出现了，向我抱怨她最近常常背疼。我问她发病的原因和时间，对此她也不知道。我试着问，是不是知道了我授课的消息后发作的，她证实了这一点。我决定再给她实施催眠，这次，她又很快就进入状态了，然后背疼被治好了。为了更多地了解她，我让她课后留下来。我发现，她唯一的儿子就住在我们医院里。这是她与前夫的孩子，她把一切希望都寄托在儿子身上，但这个孩子却不幸患有精神病。我分析，她把对儿子的希望转移到了我——一个年轻医师的身上，这使她想成为成功母亲的愿望实现了，所以她的病也就痊愈了。最后，她收我为义子，并四处宣扬我奇迹般地治好了她的疾病。

　　正是这位女士的宣扬，不但建立了我在当地医生中的名气，还使我的病人大大增加。这就是我心理治疗的开始。后来，我告诉对她心理的分析，她也认为我是对的。这个女人很有智慧，我一直清晰地记得和她的交谈。对于我的帮助，她非常感激。

　　刚开始的时候，我仍旧采用催眠法。因为使用催眠不知道病人病况的进展会持续多久，这相当于在黑暗中摸索。对这种不确定的情形，我的良心常感到不安。于是，没多久，我就放弃了。我在精神诊所成立了一个心理病理学实验室，开始进行"联想实验"。我的合作者有法兰兹、李克林、鲁克实范克，以及弗得烈·派得森和查理士·瑞克雪等几位美国学者。我发表了一个报告——《对事实的心理诊断》。由于这个实验，我受到了克拉克大学的邀请，并去那里做了讲演，弗洛伊德也在被邀的行列。我们同时获得了该校的荣誉法学博士学位。

我很快奠定了在美国的地位，当然这得益于我进行的"联想实验"和"肤电反应"。有很多病人从美国来找我，其中包括一个美国同事介绍的病人，我的同事担心我的治疗效果不显著，同时还向他推荐了一位住在柏林、治疗神经症的权威医师。我见到了这个病人，他的病例显示，他患了"康复无望"的"酒毒性神经衰弱"。通过与他的交谈，我认为，他患的只是普通神经症。于是，我给他做了"联想实验"。了解到了他的情况：家境富裕，妻子可爱，但是他的问题在于，他有一个能干的母亲，他在自己母亲开的公司里担任一个重要职务，尽管他自己很能干，却始终难以摆脱来自他母亲的压力，但是他又不能下决心辞掉这个让人羡慕的工作。于是他拼命酗酒想摆脱压力，但这并没有效果。

经过一段时间的治疗，他不再酗酒，但是我认为回到美国，面对原来的环境，他可能会复发，对此他并不相信。

果然，回到美国不久，他的毛病又犯了。这次，他的母亲主动来瑞士找到我，我发现，他的母亲身材高大、精明干练、充满权力欲。我终于了解到身材瘦小的他面临的是怎样的压力。于是我瞒着他，开了一份他无法胜任当前工作的医学证明，并建议他的母亲免除他的职务。他的母亲听从了我的建议。对此，他大发雷霆。

尽管这种做法不太让人接受，而且我自己也有一丝歉疚。但我仍旧确信这是能让他解脱的唯一方法。事实也确实如此，离开母亲的束缚，他的个性得以施展，后来事业大有所成。

在从事这个工作的过程中，我一直对人们犯罪的潜意识反应感觉惊讶。曾经有过这样的一个案例。一天，一位不愿意透露姓名、明显来自上流社会的女士来到我的办公室，她向我袒露了隐藏多年的秘密：大约20年前，为了嫁给好友的丈夫，她谋杀了这个最好的朋友。当时她一心想得到这个男人，完全没有考虑道德的问题。

她如愿以偿地嫁给了这个男人，但随后发生了很多事情，使她受到了良心的谴责。先是丈夫早逝，然后就是女儿与她决裂。有一天，爱骑马的她竟然被自己的爱马摔了下来，她养的狗没多久就中了风。如此种种，让她迫不及待地想找个人诉说。

像她一开始说的那样，她只给我诉说了一次。后来，我一直查找不到她的真实资料，当然也无法证明她说法的真伪，也无法知道她后来怎么样了。我想，也许她已经自杀了，因为在那样的孤独中活下去，实在让人难以想象。

专注于病人的研究

临床诊断一般并不能帮助到病人，它只能帮助医生确定医疗方针，对病人来说，最重要的还是他的那个显示人性痛苦的故事。了解了病人的故事，医生才能实施治疗。有一个病例很好地证明了这点。

这个病例是这样的：在一所女子监狱里面，有一个卧病40年、年约75岁的老犯人。在大约25岁的时候，她就来到了这所监狱。除了一个在这儿工作了35年的护

荣格：岸，是永不消失的希望
rong ge
an, shi yong bu xiao shi de xi wang

士长还依稀记得她的一些事情，别的人根本不知道她因为什么进入监狱。这个女人已经不能说话，有时候喝一杯牛奶都要花上两个钟头。她的生活如此糟糕，但是在她不吃饭的时候，总是用双臂和双手做出一些规律性的奇怪动作。一直以来，我都以为这是精神分裂症的一种紧张症状。

有一天夜里，我看到那个老妇人又在重复那些动作，好奇之下，我决定去问下那个护士长，老妇人是不是从一开始就做这个动作。她告诉我，确实如此。而且她告诉我，听说那个老妇人以前是做鞋子的。于是我调阅了她所有的资料，其中的一条纸条显示，她确实有模仿鞋匠的习惯。在过去，鞋匠为了用针穿线缝制皮面，习惯于把鞋子夹在双腿膝盖间，就像老妇人所做的动作那样。后来，在这个老妇人的葬礼上，我问她的弟弟，他的姐姐为什么不正常。她的弟弟告诉我，他姐姐被一个她深爱的鞋匠拒绝之后，就成那样了。我明白原来这个老妇人一直在用这个动作怀念她的旧日情人。第一次，我对于病人的心理背景有了更深的认识，我在苏黎世发表了一篇演讲，其中一个医学院学生研究的示范病例使我了解到精神分裂者的语言原来带有一定的意义。

在这个病人身上,可以看到最典型的精神分裂的过程。她在苏黎世旧市区又脏又乱的街道长大,叫芭贝特,她的父亲整日酗酒,姐姐是个妓女,在39岁时,她开始发病。当我看到她时,她已经在监狱待了快20年了。她常常说一些莫名其妙的话,如"我是超级大师,无人可以替代""我是瑞士与德国最甜的奶油"等,从这些话里,我看到了她的自卑感得到了补偿。

从类似的病例中,我不止一次发现病人身上存在着所谓的"正常"的个性。

有一次,我就碰上了一个拥有这样"正常"个性的、精神分裂的病人,这个妇人的病已经没有治愈的希望。她告诉我,除了胸膛里发出的是"上帝"的声音,自己的整个身体都在发出声音。我告诉她,我们都要信任上帝的声音。有一次,这个声音告诉她,让我考她关于《圣经》的知识。于是,每一次我去看她的时候,都指定一些章节让她读,然后再次去的时候就考她。就这样,我们坚持了7年,每隔两周一次,从未间断。

最初,我觉得我自己的角色也很扭曲。后来,我逐渐认识到了这样做的意义:这可以使她高度专注,避免更深程度的分裂。结果,这样过了6年,她的右半身竟然摆脱了那些声音。这是当初没有预料到的。

精神病的背后，可能隐藏着个性、希望和欲念，只有研究病人，才能了解在他们表现得迟钝、冷淡或全然痴呆的背后，有着根本的意识。在这个意识当中，包含着人性的冲突。

精神病患者的内心世界

我还在诊所的时候，为了避免自己掉入空想的陷阱，在处理精神分裂症的时候，我都特别谨慎。当时，精神分裂被认为不可治愈，如果原来被诊断为"精神分裂"的病人被治愈了，就表示这是误诊。

弗洛伊德到苏黎世来看我的时候，我曾向他实地示范过芭贝特的病例，后来，他对我说，用那么长的时间来面对这个丑女人，你都是怎么忍受的，虽然，你在她身上得到的发现很有趣。我从来没有这样想过，我想当时我的脸色肯定变了。就我看来，她是个拥有一些可爱幻想、会说一些有趣的话的和蔼老人，在她身上仍旧显露着人性。就治疗上来说，她的情况并没什么好转。但在别的病例上，我发现这种恳切的倾听有明显的治疗效果。

我们极少有机会看到精神病患者隐藏起来的内心，从外表看，他们都很崩溃。我觉得外在常常是不真实的，在遇到一个患有紧张症倾向的年轻女病人之后，我更坚定了这一看法。她出生在一个颇有教养的家庭，只有18岁。她15岁的时候，哥哥诱惑过她，她还遭到了同学的强暴。到了16岁，她只跟一只从别人家抢过来的狗接触，拒绝和任何人沟通，开始完全封闭自己。在她17岁的时候，情况并未好转，家人就将她送到了精神病院，在那里，她待了一年半。

我第一次见到她时，她仍旧处在典型的紧张症状中，我诱导她开口说话。好几个星期之后，她告诉我，她住在月球上，刚开始的时候，她只看到一些男人，这些人把她带到了妇孺居住的地方。有一个吸血鬼在月球某处的高山上住着，它专门杀害妇孺，所以她计划除掉吸血鬼。过了很长一段时间，她看到吸血鬼向她靠近，它看起来就像只大黑鸟。她在衣袍里藏了一把刀，等待吸血鬼的到来。瞬间，吸血鬼站在了她的面前。她看不到这个怪物的脸和身子，因为它把这一切都藏在了几对翅膀后。她慢慢向吸血鬼靠近，想看看它到底是什么样子的。没想到，怪物的翅膀张开的时候，一个绝世美男出现在了她的面前，他用力抱着她，带着她飞离了地面。

在给我说了这些后,她又开口说话了。但是她似乎很抗拒这些,因为她觉得月球上的生活很有意义,而现实的世界并不完美,似乎是我阻止了她回月球。过了不久,她的病复发了,又住进了疗养院。

两个月后,她出院了,我继续和她沟通。在我的开导下,她慢慢地接受了自己无法逃脱地球生活这一事实。

过了段时间,她在疗养院找到了一个职位。后来,她打了院里一个助理医生一枪,据说他追求过她,好在医生没大碍。事实上,她带着这把上了膛的枪四处跑,还向别人亮过。在最后一次治疗时,她把枪交给了我。并对我说,如果你没治好我,我早向你开枪了。

后来一切都好了,她回到故乡,结了婚,还有了几个孩子,没有再发病。

这个病例给了我们什么样的启示?这个女孩因为受到了亲人的侮辱,就幻想了另外的世界来逃避现实。于是,她进入了一个宇宙的空间,并遇到了那个吸血鬼。因为我劝她重新过正常人的生活,她曾将这个怪物投射在我身上,使我的生命受到了她的威胁。当她把幻想告诉我时,她将自己委托给了人类,从而背弃了魔鬼,并因此回归正常的生活。

在经历了这些之后，我了解了病人内在世界的丰富和重要性，开始以另一种角度面对精神病患者。

心理医生的自我分析

事实上，心理治疗和分析十分复杂，每一个问题都需要独特的解决方法。因此当别人向我请教心理治疗和分析的方法时，我都不知道怎么回答；而如果一个医生告诉我，自己从不采取某种方法时，我就会对他产生怀疑。只有在能接受反驳的条件下，一个心理学上的真理才存在，也许，一个医生以为某个方法不可能解决问题，而另一个医生却正在寻求这个方法。

作为医生，熟悉所谓的"方法"十分必要，但要避免僵化地用特定的方式处理问题。另一方面，理论上的假设可能今天有效，明天却失去了作用。所以医生对此要保持警惕。在我的心理分析过程中，我认为，必须对病人做个别的了解，对不同的病人用不同的语言（比如，有时候可能用阿德勒的语言，有时候可能用弗洛伊德的语言），才是处理个别病例的方法。

心理分析是分析者和病人面对面的谈话，医生要说，病人也要说。最主要的就是把病人当作一个完全的独立个体。如前面所说，方法的应用不是心理治疗的本质，要想为病人展开有效的治疗，就要了解潜伏性精神病患者的象征世界，也正是这样，我开始了神学研究。

精神病医生在面对知识水准较高的病人时，仅有专业知识并不够。为了减少病人的抗拒，除了理论性的假设，必须找到致病动机。毕竟，我们的重点在于病人能否抓住自己作为人的本质和意义（这离不开集体意识的观念）而不是去进行一个理论的验证。

与生理相比，人的心理明显更难以接近和琢磨，它是一个世界的问题，就这点而言，只有医学训练也是不够的。

现在看来，威胁人类的祸患来自人类本身的集体或个体的心理状态，并非来自大自然。为了更好地了解病人，帮助他们解决问题，心理治疗专家必须了解自己，自我分析（也叫训练分析）是不可缺少的。

在训练分析的过程中，医生必须明白训练的意义，以严肃的态度面对自己，学习了解自己的心理状态。并把精神分析当作与自己切身相关的问题，这点不能通过机械性背诵获得。如果训练者不能体会这点，就必然不能帮助病人解决问题。

虽然有所谓的"次心理治疗",但在许多情况下,医生要想治好病人,必须先投入。在任何一个完全的分析里面,病人和医师都同时扮演了很重要的角色。一个医生是投入其中还是以权威自居,会极大地影响到病人,在很多严重的情况下,要接受许多考验的是医生本人,而所谓的建议却不那么重要。

在面对病人时,治疗者要注意自己对他们的态度,并应该问自己,遇到这样的情况,潜意识会怎么反应。为了保持治疗不脱离正常的轨道,我们必须像对待病人那样对待自己,研究分析自己,观察自己的梦。

我曾经遇到过这样的病例,一个女病人非常有智慧,这引起了我极大的兴趣。过了一段时间,我发现,我们之间的对话开始变得缺乏内容,对她梦的分析也进入错误的方向,一开始的那种顺利不见了。对此,她也隐约意识到了。我觉得,我们该坦诚地谈一谈了。在我准备和她谈话的前一晚。我做了一个这样的梦。

在一个晴朗的午后,我在山谷里的公路上行走。向右仰望,我可以看见顶峰立着一座城堡的斜坡。一个女人在城堡的顶楼坐着。即使在梦中,我却能认出来那个女人就是我的女病人,由于我的脖子痉挛,我醒了过来。

这马上得到了解析。由于梦是意识层次里某种态度的补偿，很可能，我在现实中一直俯视着病人，所以在梦中，我必须"仰望"她。我告诉了病人这个梦以及解析。结果，这很快就改进了我们的治疗情况。

我一向非常重视我的病人，医生要想使他的治疗在病人身上生效，他必须不断问自己，病人带给自己的信息意味着什么，对于自己有什么意义。一句话，医生必须全身心地投入。如果医生隐藏了自己的真性情，就可能会影响他的治疗效果。有人说，医生只有受过伤，才能去医治病人。我也许和我的病人一样，也遇到许多问题，有时候，病人本身也许就是医生病痛的良药。也正因为这样，医生也会面临很多困难。

潜意识中的存在物

一般的观点认为，只要一个人自觉正常，就没有必要接受分析治疗，只有一个人神经衰弱的时候，分析治疗才是必要的。但是，与所谓的正常人接触，我也有过一些很惊人的体验。

有一次，我遇到一个想成为分析家的人，他是一个同事极力推荐的、曾做过同事助手的实习学生，他"完全正常":工作正常、老婆正常、几个孩子也正常、居住的环境和条件正常、收入也正常。

我对他说,分析家必须对自己有信心,而且能解决自己的问题,不然就可能使病人对你失去信心,也不能解决病人的问题。所以,分析家首先要接受自我分析。

他告诉我,当然可以进行自我分析,可是自己没有什么问题。我就说,那你就告诉我你的梦吧,我可以分析一下。他说自己从来不做梦,可能对别人来说,确实会在当晚就做梦,可是他的情况不同,在接下来的两周内,他记不起来任何的梦境。我开始有点不安。

终于,他做了一个梦,而且这个梦很深刻。为了更好地说明实际情况,我要描述一下这个梦。他梦见自己去旅行,在某个他从未到过的城里,火车要停留两个小时。于是,他决定去城里逛逛,在那里,他发现了类似市政府所在的地方,那是一座中古世纪的建筑。他在这个建筑的长廊里面穿梭,发现了许多房间,这些房间富丽堂皇:到处都是古董宝物、古画和壁毯,不知不觉天变黑了。他心想,我得赶紧回火车站,可是这时候,他发现自己找不到出口,而且,他才注意到,这里面连个人影都没有,他有点恐惧不安,并加快脚步找出口。

荣格：岸，是永不消失的希望
rong ge
an, shi yong bu xiao shi de xi wang

这时候，他发现一扇像是出口的大门，他松了口气，准备出去。没想到，他推开大门，里面竟然是个又黑又空阔的巨大房间。他在这个房间里恐惧地跑着，希望对面是另一个出口。忽然，他看到在房间的中央地板上，有一个白色的东西。等他靠近了，他发现那是一个坐在尿壶上、满身都是排泄物、约两岁大的白痴儿。这时候，他惊醒了。

这个梦就是他潜伏的精神状态，从这里，我知道了一切想知道的答案。为了让他从梦中解脱，我必须把梦中的危险情节搪塞过去，使它以无害的面貌呈现，当我做完解析之后，我自己也是一身汗。

对这个梦，我是这样解析的：他只在自己旅行的目的地苏黎世停留了很短的时间。那个坐在地上的小孩子就代表着他自己。小孩子弄着满身污秽并不是多值得羞耻的事情，他们弄成那样可能是觉得很有趣。但是他从小家教严厉，在城市的环境长大，他可能对这种行为感到羞耻，因此，这个小孩子的出现就是个嘲讽式的象征。他告诉我之后，我了解到，他现在所谓的"正常"在面临潜意识时崩溃和瓦解，这是一个他不愿接受的个性。为了不让那些潜伏的精神状态突显，我用他另外的一个梦做借口，巧妙地结束了整个训练。我没有告诉他，他正濒临恐慌。但他自己应该也有意识，因为他又梦见被疯子追。后来，他立刻回家了，不再挖掘自己潜伏的意识。这些潜意识是心理治疗师的可怕敌人，因为它特别难以分辨。

接下来我要谈的是"不相关分析"。潜伏性精神病患非常难以把握和治疗，对专业医生来说，都绝非易事，对医学人士很可能会更困难，在面对这样病例的时候，他们很容易产生错误和危险的判断，这时候，我觉得病人就需要专业医师的指导。

在病人和医生之间，如果病人和医生出现情感转移或彼此认同，可能就会导致一种超自然的心理感应现象。这样的情况，我就经常遇到。

我有这样一个病人，患的是心理沮丧症，他在病愈之后结了婚。但是我第一次看见他妻子的时候，就没有什么好感。由于我的病人对我非常感激，他的妻子对此很嫉妒。我发现，不爱自己丈夫的妻子，常常因嫉妒破坏丈夫与其朋友的情谊。

妻子的态度使他在婚后一年，又再度陷入了沮丧。想到他妻子的态度可能会导致他病发，所以我曾经告诉他，如果病发要立刻联系我，但是妻子对他的嘲弄可能阻止了他这样做，我们失去了联络。

那时候，在那个地方，我的一篇研究报告发表了。那天半夜，在所住的旅馆，我和几位同事聊了会儿，就会睡觉。直到大约两点钟，我都没有睡着，也可能刚入睡就被惊醒了。我觉得好像有人急切地打开过门，来到了我的房间。我开了灯，看了看房间和走廊，却发现什么也没有。我很奇怪，忽然，我感觉好像有人往我额头揍了一拳，接着又敲了我的头盖骨。第二天，我接到了一份报告，那个病人举枪自尽了，后来，我听说，子弹正好穿过了他的头盖骨。

这是一次真实的经验，那天晚上，我紧张不安的情绪很少见，通过时间和空间上的对应，我可能知觉到了在另一个空间里发生的情况。潜意识中的现象和"死亡"这种原型相关，这在很多人的潜意识中存在。

早已被安排好的命运

在分析治疗中，我认为最重要的是，病人要对事物产生自己的观感，我从不强迫他们改变宗教信仰。我相信，命运早已安排好了每个人的信仰。

我曾经做了一个这样的梦，在我的梦里，一个陌生的年轻女人过来向我诉说她的病况，我一边听一边想，这是怎么回事，我可是一点也不了解她呀。忽然，我脑子里出现一个念头，这个病人有恋父情结。

在第二天下午的 4 点，我约的是个新病人，这是一个非常漂亮、聪明的年轻犹太女子，她的父亲是个非常富有的银行家。在找我做心理治疗之前，她看过另外的心理医生，可是这个医生爱上了她，为了保住自己的婚姻，医生央求她不要再找自己看病了。

多年来，这个相当西化的犹太女子深受焦虑性神经症困扰。上次的治疗经验加重了她的病情。开始治疗的时候，我用的是记忆回想的办法，但没有效果。忽然，我出现了这样的想法：她就是我梦到的女孩呀。很明显，在她身上，我找不到恋父情结的征兆，于是，我开始问她祖父的情况，这是我处理这种情况的一贯方法。

她闭上眼沉默了好一会儿，才告诉我，她的祖父是个隶属于一个犹太教派的教会牧师。我觉得我抓住了问题的关键。她告诉我，别人都说祖父是个圣人，透视力也异于常人，但她觉得不是那么回事。

我告诉她，她得神经衰弱的原因是，潜意识中对上帝的畏惧。因为她的父亲背弃了犹太教的信仰，而且背叛了上帝。这让她十分惊讶。

当天晚上，我又做了个奇怪的梦，这是个欢迎会的场景，这个女孩走到我面前，对我说，外面雨下得很大，问我有没有雨伞，结果，我找到了一把雨伞，并跪在地上，像朝贡女神一样把伞献给了她。

我把这个梦告诉了她，一个星期后，她的病好了。我认为这个梦向我揭示了这样的事实：这个女人不是个肤浅的小女孩，她是上帝之子，她的命运是完成上帝神圣的旨意，但是在她意识到的层次里，都是以物质享受和男女关系为导向的，她本质里那些精神特质没有得到发挥。为了治疗她，我必须唤醒她内在的神话和宗教本质，帮助她找回生命的真谛。我把这个女孩子叫作失去信仰的犹太女子，一直都现在，我都记得这个病例。

在这个病例里，我只是感受到神性的存在和对于上帝的畏惧，并没有采取任何一个"方法"。因为我的解释，她获得了健康。

我的大部分病人都是失去信仰的人，即使在今天，宗教里诸多如弥撒、受洗等的活动，都使信徒能够有机会过所谓"象征"性的生活，但大多数的信徒都缺乏积极的参与感，神经衰弱的病人里，缺乏这种参与感的更多，这使他们不能经历到这样的象征。

因此，为了帮助病人，必须观察病人潜意识中是否能产生一种东西来代替这种积极的参与感。但问题在于，他们是否能够了解梦和幻象的意义并承担随之而来的一切后果。

在《集体潜意识的原型》一书里，我提到过一个反复做同一个梦的神学家病例。他总是梦见在一处斜坡上站着，望见一片低洼山谷，山谷里是浓密的森林，他知道那片林子里有一个湖，但是每当他快到那个湖的时候，一阵风就会突然掠过湖面，卷起涟漪，气氛会变得很诡谲。然后他就会惊醒。

这个梦显得不可思议。不过我们如果能把这个与《约翰福音》联系起来，事情就会变得简单，在第五章里，一阵风（《约翰福音》第三章第八节里提到的来自圣灵的风）掠过后，毕士大池有了治病的功效，梦里的轻风象征的正是圣灵之风，但是这位神学家认为这种事只能在圣经里存在，是不能被经历到的现象。对此，他很恐惧，其实，这个梦暗示的是全能上帝的存在。

我认为这个神学家应该克服恐惧和慌乱，但是除非他自己愿意认清启示的本质并且接受后果，我绝不会强迫他那样做。病人的抗拒越顽固，其实对医生也越有好处，这可以让医生注意到一些易被忽略掉的问题。

在面对内在的经验或本质上，神学家与一般人都会惊慌地逃避，神学家由于受教会和教条的束缚更大，他们就更难接受心灵活动在这种经验里存在的说法，因此，他们就更难面对其中的问题。

医生与病人

在现代心理治疗里，医生或者心理学家应该"顺着"病人的情绪，似乎已经成了不成文的规定，但是，我认为，有时候，医生必须扮演仲裁的角色。

有一次，我遇到一个受强制性神经过敏折磨得相当严重的女病人，她来自上流社会，喜欢扇人耳光，不管这个人是她的下属，还是为她治病的医生，在住疗养院的时候，她还会扇主治医生的耳光。毕竟，在这个女人看来，主治医生也不过是她花钱雇来的高级侍从。主治医生把她送到另外的医院，但是她还是像以前一样。她不是真疯，只是需要别人对她的骄纵。最后，她被辗转地送到了我这里。

她看起来有 6 尺高，可以想象，她巴掌的力量可不会小。我们谈得很愉快，但是在我告诉了她一些不好听的事实之后，她勃然大怒，跳起来想给我一耳光。我也不甘示弱地跳起来，对她说，你可以先打我，但是我会回你一巴掌的。她看到我是说真的，就泄了气。她告诉从来没有人这么对待过她。从那时起，对她的治疗有了效果。

在这个病例里面，如果一味地顺从，绝对不会产生效果，因为这个女人无法对自己进行道德的约束，所以患了强迫性官能症，她需要其他形式的约束——一种阳刚的、男性的气质促使她抑制病症。

几年前，我曾经统计过所有治疗的结果。能够痊愈的、有明显改善的、没有太大效果的大概是各占三分之一。我现在已经不记得确切的数字了。在这里面，最难评价的是那些没有太大效果的。在这些病例里面，病人只有在很长时间之后，才能了解和认识到问题。也就是说，我的治疗，只有在多年之后，才能看出效果。也确实有不少老病人给我写信说，过了 10 年，我才知道你当初为什么给我那样的治疗。也会有一些当时产生反效果的病人，后来给了我肯定的报告。所以，很难对治疗的成功与否下结论。

在进行分析的过程中,一个医生可能会遇到一些拥有特异功能的病人,他们注定要历经一些前所未有的事物或者灾难,甚至能使别人为之牺牲,这些人可能从未被大众注意到,但他们确实对医生产生了很大的影响。这些人心理的潜意识反映的内容在现实的社会中永远都找不到,我们不知道这是一种不完全的发生,还是他们的天赋。在心理治疗中,医生和病人的关系是如此亲密,以至于医生也不能漠视如此之深的人类苦难。医生和病人处于一种既一致又对立的关系当中,如果不一致,两颗对立的心灵就不能相互理解。如果他们没有任何冲突,就可能不会产生治疗的效果。

如果这些人还生活在可以借助神话与祖先联结的时代和环境里面,他们体验的就不是表面的本质,而是一种真实,也许他们就不会产生所谓的精神障碍。

这些精神分裂的病患都是受害者,如果他们的潜意识能够成为自我的一部分,他们就会逐渐恢复健康。而对此有深刻体验的医生,就不会产生自我意识的膨胀,而且会对潜意识的心理过程认识更深。要想免除来自潜意识的负面影响,一个医生必须从自己的经验中了解原型的神秘性，而不是企图用知性来主宰一切。如果用知性来统治一切，就会用"空泛的理念"来代替真实的世界，而忽略了这样的事实：精神存在于行为和事实里面，而不是在概念里。

所以，就我个人的经验来说，我觉得所谓的知识分子病人最让人捉摸不定。他们习惯性说谎、麻烦、无情。他们用不受情绪控制的思维能力解决任何问题（这是所谓的"间隔心理"），但是他们仍然要受焦虑之苦，如果他们的情绪得不到发泄的话。

病人展现给我的精神现象让我学到了很多知识，让我能够直接面对赤裸裸的人类生命的本质，这增强了我的洞察力。我的病人大部分是女性，她们很有智慧，并且理解力惊人。正是在与她们的交流中，我才得以不断探索心理治疗的新路子。许多病人将我的理念带到全世界。我和他们之中很多人的私交也很好。

对我来说，与来自不同心理学层次、不知名的病人交谈，是最有意义，也是最精彩的。